自分で選べるパソコン到達点

これからはじめる ワードの本

[Word 2016/2013対応版]

門脇香奈子[著]

技術評論社

本書の特徴

- 最初から通して読むと、体系的な知識・操作が身に付きます。
- 読みたいところから読んでも、個別の知識・操作が身に付きます。
- ダウンロードした練習ファイルを使って学習できます。

◎ 本書の使い方

本文は、01、02、03…の順番に手順が並んでいます。この順番で操作を行ってください。
それぞれの手順には、❶、❷、❸…のように、数字が入っています。
この数字は、操作画面内にも対応する数字があり、操作を行う場所と、操作内容を示しています。

◎ Visual Index

具体的な操作を行う各章の頭には、その章で学習する内容を視覚的に把握できるインデックスがあります。このインデックスから、自分のやりたい操作を探し、表示のページに移動すると便利です。

動作環境について

- 本書は、Word 2016とWord 2013を対象に、操作方法を解説しています。
- 本文に掲載している画像は、Windows 10とWord 2016の組み合わせで作成しています。Word 2013では、操作や画面に多少の違いがある場合があります。詳しくは、本文中の補足解説を参照してください。
- Windows 10以外のWindowsを使って、Word 2016やWord 2013を動作させている場合は、画面の色やデザインなどに多少の違いがある場合があります。

練習ファイルの使い方

練習ファイルについて

本書の解説に使用しているサンプルファイルは、以下のURLからダウンロードできます。

http://gihyo.jp/book/2017/978-4-7741-8723-5/support

練習ファイルと完成ファイルは、レッスンごとに分けて用意されています。たとえば、「2-3　文字を削除・挿入しよう」の練習ファイルは、「02-03a」という名前のファイルです。また、完成ファイルは、「02-03b」という名前のファイルです。

練習ファイルをダウンロードして展開する

01

ブラウザー（ここではMicrosoft Edge）を起動して、上記のURLを入力し❶、Enterキーを押します❷。

02

表示されたページにある［ダウンロード］欄の［練習ファイル］を左クリックします❶。

［保存］をクリックすると、ファイルがダウンロードされます。
［開く］を左クリックします❶。

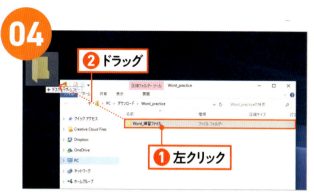

エクスプローラーの画面が開くので、表示されたフォルダーを左クリックして❶、デスクトップの何もない場所にドラッグします❷。

展開されたフォルダーがデスクトップに表示されます。［×］を左クリックして❶、エクスプローラーの画面を閉じます。

展開されたフォルダーをダブルクリックします❶。章のフォルダーが表示されるので、章のフォルダーの1つをダブルクリックします❷。

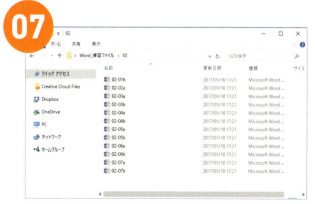

レッスンごとに、練習ファイル（末尾が「a」のファイル）と完成ファイル（末尾が「b」のファイル）が表示されます。ダブルクリックすると、ワードで開くことができます。

練習ファイルを開くと、図のようなメッセージが表示されます。
［編集を有効にする］を左クリックすると❶、メッセージが閉じて、本書の操作を行うことができます。

Contents

本書の特徴	2
練習ファイルの使い方	4
目次	6

Chapter 1　基本操作を身に付けよう

1-1	ワードを起動・終了しよう	12
1-2	ワードの画面の見方を知ろう	14
1-3	文書を保存しよう	16
1-4	保存した文書を開こう	18
	練習問題	20

Chapter 2　文字を入力・編集しよう

	Visual Index	22
2-1	文字を入力しよう	24
2-2	文字を選択しよう	28
2-3	文字を削除・挿入しよう	30
2-4	文字をコピーしよう	32
2-5	文字を移動しよう	34
2-6	定型文を自動で入力しよう	36
2-7	記号や特殊文字を入力しよう	38
	練習問題	40

Chapter 3 文字の見た目を変えよう

Visual Index ... 42

- 3-1 書式とは ... 44
- 3-2 文字の形と大きさを変えよう ... 46
- 3-3 文字の色を変えよう ... 48
- 3-4 文字を太字や下線付きにしよう ... 50
- 3-5 文字の背景に色を付けよう ... 52
- 3-6 文字をもっと派手に飾ろう ... 54
- 3-7 段落の下に区切り線を引こう ... 56
- 3-8 文字の書式をコピーしよう ... 58

練習問題 ... 60

Chapter 4 文書のレイアウトを整えよう

Visual Index ... 62

- 4-1 文字を中央や右に揃えよう ... 64
- 4-2 先頭の行を1文字下げよう ... 66
- 4-3 段落全体を字下げしよう ... 68
- 4-4 2行目以降の左位置を調整しよう ... 70
- 4-5 箇条書きにしよう ... 72
- 4-6 文字を均等に揃えよう ... 74
- 4-7 区切りのよいところで改ページしよう ... 76

練習問題 ... 78

Chapter 5 表を入れよう

Visual Index	80
5-1　表を作ろう	82
5-2　表に文字を入力しよう	84
5-3　列幅・行高を変えよう	86
5-4　列や行を追加しよう	88
5-5　列や行を削除しよう	90
5-6　表全体に色を付けよう	92
5-7　文字の配置を調整しよう	94
5-8　表を移動しよう	96
練習問題	98

Chapter 6 イラストや写真を入れよう

Visual Index	100
6-1　イラストを入れよう	102
6-2　イラストの大きさを変えよう	104
6-3　イラストの位置を変えよう	106
6-4　写真を入れよう	108
6-5　写真の大きさと位置を変えよう	110
6-6　写真の明るさを変えよう	112
6-7　写真に飾り枠を付けよう	114
6-8　ワードアートを入れよう	116
6-9　ワードアートの大きさと位置を変えよう	118
練習問題	120

Chapter 7 図形を描こう

Visual Index	122
7-1　長方形を描こう	124
7-2　図形に文字を入力しよう	126
7-3　図形の色を変えよう	128
7-4　図形の大きさと位置を変えよう	130
7-5　図形のスタイルを変えよう	132
7-6　図形をコピーしよう	136
7-7　図形をまとめて移動しよう	138
7-8　縦書きの文字を入れよう	140
練習問題	142

Chapter 8 印刷しよう

Visual Index	144
8-1　文書を印刷しよう	146
8-2　余白を調整しよう	148
8-3　ページ数を入れよう	150
8-4　1枚の用紙に2ページ分を印刷しよう	152
8-5　文書をPDFファイルにしよう	154
練習問題の解答・解説	156
索引	158

免責

・本書に記載された内容は、情報の提供のみを目的としています。したがって、本書を用いた運用は、必ずお客様自身の責任と判断によって行ってください。これらの情報の運用の結果について、技術評論社および著者はいかなる責任も負いません。

・ソフトウェアに関する記述は、特に断りのない限り、2017年1月現在の最新バージョンをもとにしています。ソフトウェアはバージョンアップされる場合があり、本書の説明とは機能や画面図などが異なってしまうこともありえます。本書の購入前に、必ずバージョンをご確認ください。

・以上の注意事項をご承諾いただいた上で、本書をご利用願います。これらの注意事項をお読みいただかずに、お問い合わせいただいても、技術評論社および著者は対処いたしかねます。あらかじめ、ご承知おきください。

商標、登録商標について

Microsoft、MS、Word、Excel、PowerPoint、Windowsは、米国Microsoft Corporationの米国およびその他の国における、商標ないし登録商標です。その他、本文中の会社名、団体名、製品名などは、それぞれの会社・団体の商標、登録商標、製品名です。なお、本文にTMマーク、®マークは明記しておりません。

▶ **Chapter**

1

基本操作を
身に付けよう

この章では、ワードの起動・終了などの基本操作を紹介します。ワードを使えるように準備して、画面各部の名称や役割を知りましょう。また、作成した文書を保存する、保存した文書を表示するなど、ファイルの基本操作も確認します。

練習ファイル：なし　完成ファイル：なし

ワードを起動・終了しよう

1-1

スタートメニューからワードを起動して、使う準備をしましょう。
また、ワードを終了する方法も紹介します。

01 スタートメニューを表示する

⊞（［スタート］ボタン）を左クリックします❶。Windows8.1 の場合は、⊞キーを押してスタート画面を表示し、◉を左クリックします。Windows7 の場合は、を左クリックし、 ▸ すべてのプログラム を左クリックします。

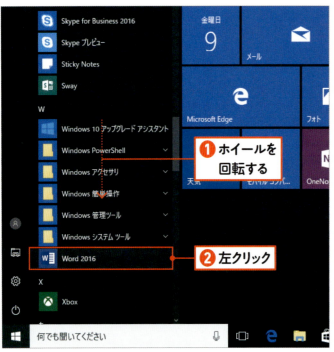

02 ワードを起動する

マウスポインターをスタートメニューの中に移動して、マウスのホイールを回転します❶。 Word 2016 を左クリックします❷。ワード2013 の場合は、 Microsoft Office 2013 を左クリックし、 Word 2013 を左クリックします。

| 第1章 | 基本操作を身に付けよう

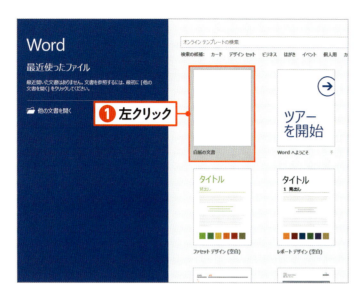

03 新規ファイルを準備する

 を左クリックします❶。

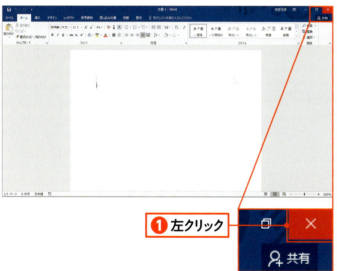

04 ワードが終了した

ワードが起動し、ワードを使う準備ができました。ワードを終了するには、ウィンドウの右上の （［閉じる］ボタン）を左クリックします❶。

✓ Check! 終了時にメッセージが表示された場合

手❹で （［閉じる］ボタン）を左クリックしたときに、次のような画面が表示される場合があります。これは、文書を保存せずにワードを終了しようとしたときに表示されるメッセージです。文書を保存するには 保存(S) 、保存しないでワードを終了する場合は 保存しない(N) を左クリックします。文書の保存方法は、16ページで紹介します。

練習ファイル：なし　完成ファイル：なし

ワードの画面の見方を知ろう

1-2

ワードの画面各部の名称と役割を確認します。
名称を忘れてしまった場合は、このページに戻って確認しましょう。

ワードの画面構成

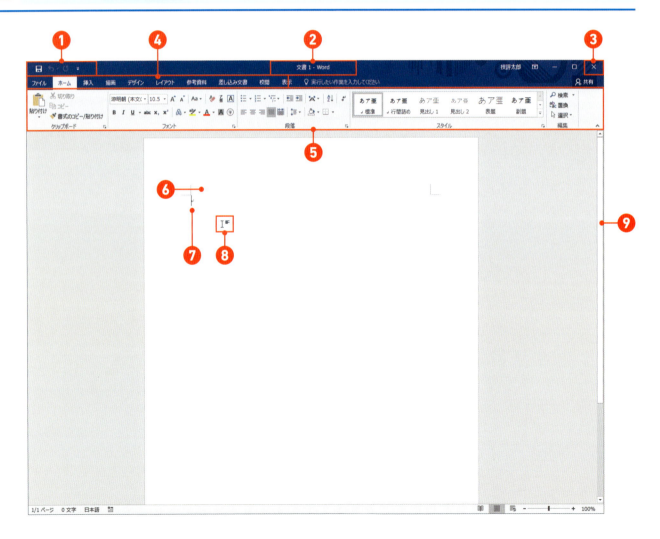

| 第1章 | 基本操作を身に付けよう

❶ **クイックアクセスツールバー**
よく使う機能のボタンを登録しておく場所です。

❷ **タイトルバー**
ファイルの名前が表示されるところです。

❸ **［閉じる］ボタン**
ワードを終了するときに使います。

❹ **タブ** ／ ❺ **リボン**
ワードで実行する機能が、「タブ」ごとに分類されています。表や図形を選択している状態では、専用のタブが追加で表示されます。なお、ワード2013では、「レイアウト」タブの代わりに「ページレイアウト」タブが表示されます。

専用のタブが表示されている

❻ **文書ウィンドウ**
文書を作成する用紙です。文字を入力したり文書を編集したりするときは、この中で行います。

❼ **文字カーソル**
文字の入力を始める位置を示しています。ペン先と考えるとわかりやすいでしょう。

❽ **マウスポインター**
マウスの位置を示しています。マウスポインターの形はマウスの位置によって変わります。

❾ **スクロールバー**
縦方向のスクロールバーをドラッグすると、文書を上下にずらせます。横方向のスクロールバーをドラッグすると、文書を左右にずらせます。

練習ファイル：なし　完成ファイル：なし

文書を保存しよう

1-3

文書をあとでまた使えるようにするには、文書を保存します。
文書を保存するときは、保存場所とファイル名を指定します。

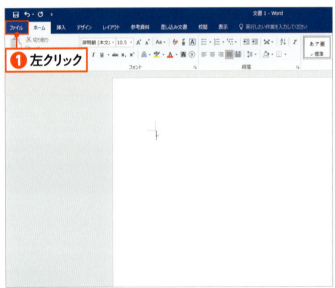

01 保存の準備をする

［ファイル］タブを左クリックします❶。

memo
ここでは、［ドキュメント］フォルダーに「保存の練習」という名前で文書を保存します。

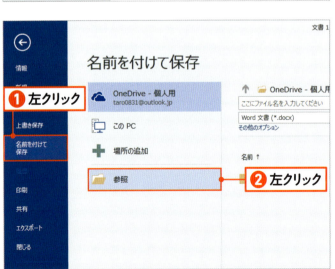

02 保存の画面を開く

を左クリックします❶。参照 を左クリックします❷。ワード2013の場合、コンピューター を左クリックし、右下に表示される 参照 を左クリックします。

| 第1章 | 基本操作を身に付けよう

03 名前を付けて保存する

> PC の > を左クリックし❶、ドキュメント を左クリックします❷。[ファイル名]の欄にファイルの名前を入力します❸。 保存(S) を左クリックします❹。

> **memo**
> [名前を付けて保存]の画面にフォルダー一覧が表示されていない場合は、画面の左下の ∨ フォルダーの参照(B) を左クリックします。

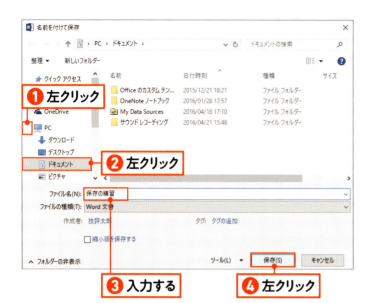

04 文書が保存された

文書が保存されました。タイトルバーにファイル名が表示されます。

> **memo**
> 文書は、ファイルという単位で保存されます。

✓ Check! ファイルを上書き保存する

一度保存した文書を修正した後、更新して保存するには、クイックアクセスツールバーの 🖬([上書き保存]ボタン)を左クリックします❶。すると、画面上は何も変わりませんが、文書が上書き保存されます。

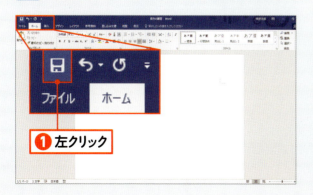

lesson.

| 練習ファイル | ： なし | 完成ファイル | ： なし |

保存した文書を開こう

1-4

保存した文書を呼び出して表示することを、「文書を開く」と言います。
16ページで保存した文書を開いてみましょう。

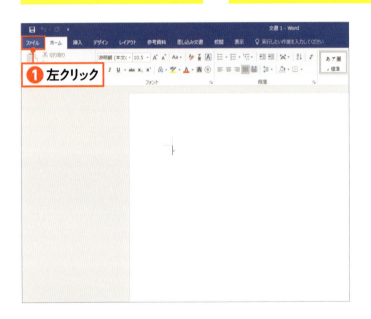

01 ファイルを開く準備をする

［ファイル］タブを左クリックします❶。

memo
保存したファイルは、保存先のフォルダーを開いてアイコンをダブルクリックしても開くことができます。

02 ファイルを開く画面を表示する

開く を左クリックします❶。参照 を左クリックします❷。ワード2013の場合、コンピューター を左クリックし、右下に表示される参照 を左クリックします。

| 第1章 | 基本操作を身に付けよう

03 ファイルを開く

の  を左クリックし❶、 ドキュメント を左クリックします❷。開くファイルを左クリックします❸。 開く(O) を左クリックします❹。

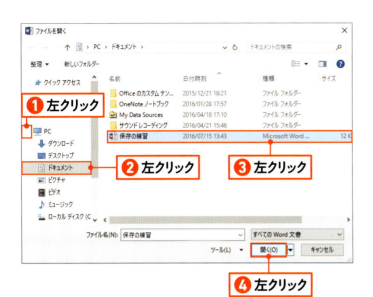

04 文書が開いた

文書が開きました。タイトルバーにファイル名が表示されます。

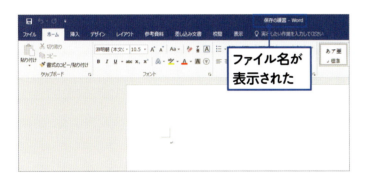

✓ Check! 最近使用したファイルを開く

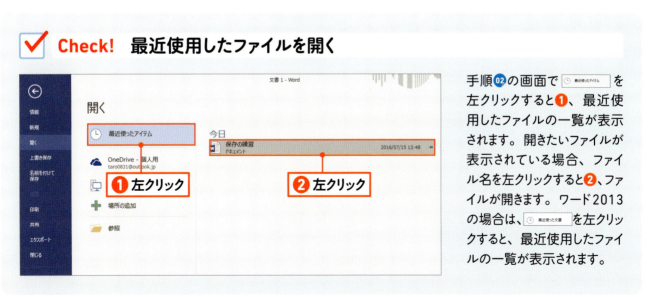

手順02の画面で 最近使ったアイテム を左クリックすると❶、最近使用したファイルの一覧が表示されます。開きたいファイルが表示されている場合、ファイル名を左クリックすると❷、ファイルが開きます。ワード2013の場合は、 最近使った文書 を左クリックすると、最近使用したファイルの一覧が表示されます。

第1章 練習問題

1 スタートメニューを表示するときに左クリックするボタンはどれですか？

① 　② 　③

2 文書を上書き保存するときに左クリックするボタンはどれですか？

① 　② 　③

3 文書を開くなど、ファイルに関する基本操作を行うときに使用するタブはどれですか？

① 　② 　③

▶ Chapter

2

文字を入力・編集しよう

この章では、文字の入力や修正といった、文字入力の練習をします。ワードでは、文字の入力中に入力支援機能が働きます。入力支援機能を利用して効率よく文字を入力しましょう。また、文字を移動したりコピーして貼り付ける方法も覚えましょう。

Chapter 2

≫ Visual Index

文字を入力・編集しよう

---

lesson. **1** 文字を入力する   GO ›› P.024

---

lesson. **2** 文字を選択する   GO ›› P.028

---

lesson. **3** 文字を削除・挿入する   GO ›› P.030

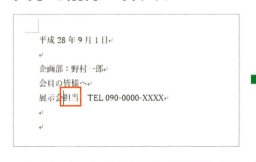

lesson. 4 文字をコピーする

GO >> P.032

コピーされた

lesson. 5 文字を移動する

GO >> P.034

移動した

lesson. 6 定型文を自動で入力する

GO >> P.036

自動で入力された

lesson. 7 記号や特殊文字を入力する

GO >> P.038

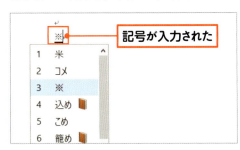

記号が入力された

特殊文字が入力された

練習ファイル：なし　完成ファイル：02-01b

文字を入力しよう

2-1

本書では、案内文書を作成しながらワードの基本的な使い方を紹介します。まずは、案内文書の日付や宛先、差出人などの情報を入力します。

📄 日付を入力する

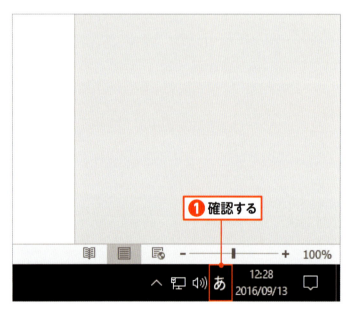

01 日本語入力モードを確認する

日本語入力ができる状態になっているか確認します❶。タスクバーに あ と表示されていれば日本語が入力できる状態です。A と表示されている場合は、[半角/全角]キーを押して日本語入力モードをオンにします。

> **memo**
> Windows7 の場合、日本語入力モードを切り替えると、言語バーの ［あ般☆☆☆KANA］の「A」と「あ」の表示が切り替わります。

02 年号を入力する

年号を入力します❶。

> **memo**
> このとき、「2017年」のように西暦の日付を入力しても問題ありません。

| 第2章 | 文字を入力・編集しよう

03 日付が表示される

今日の日付が表示されます。Enter キーを押します。

> **memo**
> 年号を入力すると、入力オートフォーマット機能が働き、今日の日付を自動的に入力できます。37ページを参照してください。

04 日付が入力された

今日の日付が入力できました。Enter キーを押して改行します。

> **memo**
> 改行した箇所には、↵が表示されます。なお、↵から↵までを段落と言います。文字の配置などは、段落単位に指定できます。

▶ 空白行を入れる

01 改行する

行頭に文字カーソルがある状態で、Enter キーを押します。

02 空白行が入った

次の行の行頭に文字カーソルが移動しました。空白行が入りました。

▶ 文字を入力する

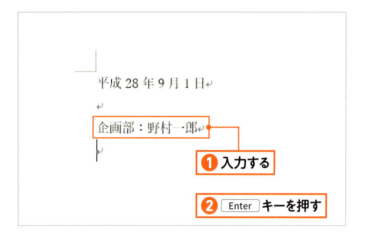

01 差出人を入力する

差出人を入力し❶、Enter キーを押して改行します❷。

> **memo**
> 「：」は、: キーを押して入力します。

02 続きの文字を入力する

宛先を入力して❶、Enter キーを押します❷。続いて、左のように文字を入力します❸。スペースキーを押します❹。

> **memo**
> 入力した文字を別の場所に移動する方法は、34ページで紹介しています。ここでは、とりあえず左のように文字を入力しておきます。

| 第 2 章 | 文字を入力・編集しよう

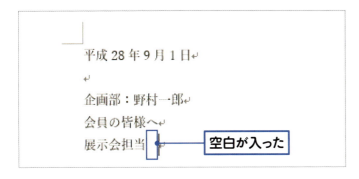

03 空白を入った

空白の文字が入りました。

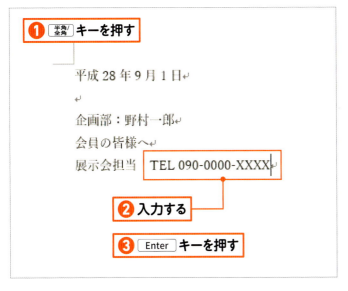

04 半角文字を入力する

[半角/全角]キーを押して❶、日本語入力をオフにします。アルファベットや数字を入力し❷、[Enter]キーを押します❸。

> **memo**
> アルファベットの大文字を入力するには、[Shift]キーを押しながらアルファベットのキーを押します。

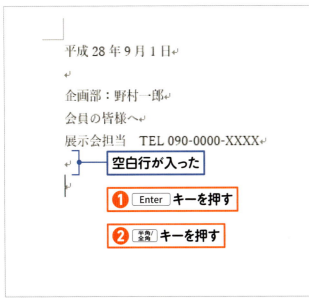

05 改行する

空白行が入りました。もう一度[Enter]キーを押して改行します❶。[半角/全角]キーを押して日本語入力モードをオンに戻しておきましょう❷。

> **memo**
> [半角/全角]キーを押すと、日本語入力モードのオンとオフを交互に切り替えられます。

練習ファイル : 02-02a　完成ファイル : なし

文字を選択しよう

2-2

文字に飾りを付けたり、文字を移動したりするには、
最初に対象の文字を選択します。
1文字ずつや行単位で文字を選択する方法を知っておきましょう。

▶ 文字を選択する

01 マウスポインターを移動する

1文字ずつ文字を選択します。選択する文字の左端にマウスポインターを移動します❶。

02 文字を選択する

選択する文字をドラッグします❶。文字が選択されました。

> **memo**
> 文字の選択を解除するには、文書内の何もないところを左クリックします。

▶ 行単位で選択する

01 行を選択する

選択したい行の行頭を左クリックします❶。行全体が選択されます。

> **memo**
> 複数行を選択するには、選択する行の行頭を上下にドラッグします。

▶ 複数箇所を同時に選択する

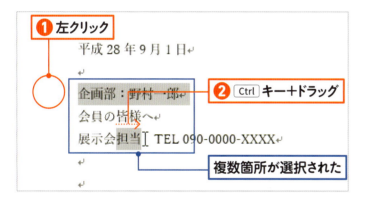

01 複数箇所を選択する

選択する行の行頭を左クリックします❶。Ctrlキーを押しながら、同時に選択する文字をドラッグします❷。複数箇所が同時に選択されました。

✓ Check! キーボードで選択する

キー操作で文字を選択するには、Shiftキーを押しながら↑↓←→キーを押します。そうすると、文字カーソルのある位置を基準に文字を選択できます。たとえば、Shiftキーを押しながら→キーを2回押すと❶、文字カーソルがある場所の右の2文字を選択できます。

練習ファイル ：02-03a　完成ファイル ：02-03b

文字を削除・挿入しよう

2-3

間違えて入力した文字を修正するには、文字を削除して書き直します。
ここでは、「担当」の文字を「事務局」に変更します。

▶ 文字を削除する

01 文字カーソルを移動する

消したい文字の左端を左クリックして❶、文字カーソルを移動します。Delete キーを2回押します❷。

❶ 左クリック
❷ Delete キーを2回押す

02 文字を削除する

文字カーソルの右の2文字が消えます。

文字が消えた

memo
Back space キーを押すと、文字カーソルの左の文字が消えます。

文字を挿入する

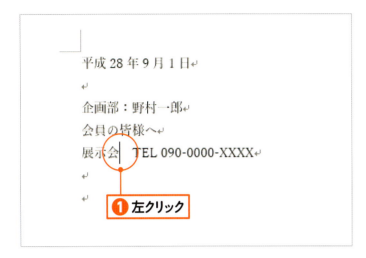

 文字カーソルを移動する

文字を挿入する場所を左クリックして❶、文字カーソルを移動します。

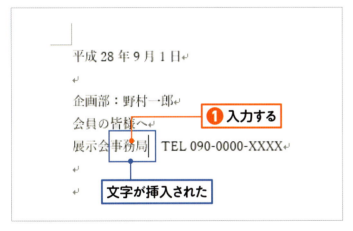

 文字を入力する

文字を入力します❶。文字が挿入されました。

✓ Check!　選択範囲をまとめて削除する

指定した範囲をまとめて削除するには、削除する範囲を選択して❶、続いて Delete キーを押します❷。

練習ファイル : 02-04a　完成ファイル : 02-04b

文字をコピーしよう

2-4

既に入力してある文字をコピーして文字を入力します。
コピーする文字を選択してからコピー、貼り付け操作をします。

01 文字を選択する

コピーする文字をドラッグして選択します❶。

02 文字をコピーする

[ホーム]タブの ▦コピー を左クリックします❶。

> **memo**
> ショートカットキーでコピー操作をするには、Ctrlキーを押しながらCキーを押します。

| 第2章 | 文字を入力・編集しよう

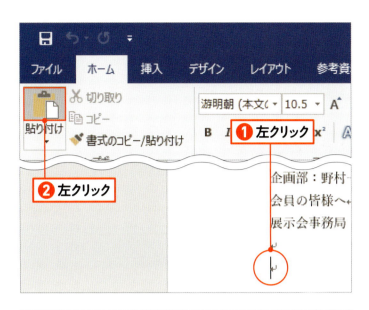

03 文字を貼り付ける

貼り付け先を左クリックします❶。［ホーム］タブの 📋（［貼り付け］ボタン）を左クリックします❷。

> **memo**
> ショートカットキーで貼り付け操作をするには、Ctrlキーを押しながらVキーを押します。

04 文字が貼り付けられた

手順❷でコピーした文字が貼り付けられました。

> **memo**
> 文字を貼り付けた直後に表示される📋(Ctrl)▼（［貼り付けのオプション］ボタン）を左クリックすると、貼り付ける形式を選択できます。35ページを参照してください。

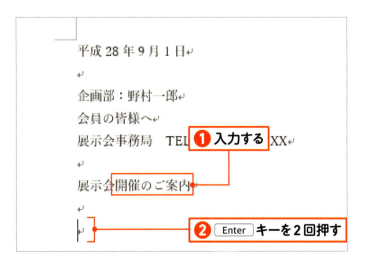

05 続きを入力する

続きの文字を入力し❶、Enterキーを2回押して改行します❷。

練習ファイル : 02-05a　完成ファイル : 02-05b

文字を移動しよう

2-5

既に入力してある文字を別の場所に移動します。
移動する文字を選択してから切り取り、貼り付け操作をします。

01 文字を選択する

移動する文字を選択します。ここでは、移動する行の行頭で左クリックして行全体を選択しています❶。

02 文字を切り取る

［ホーム］タブの を左クリックします❶。

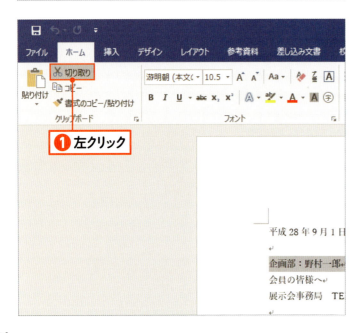

> **memo**
> ショートカットキーで切り取りの操作をするには、Ctrlキーを押しながらXキーを押します。

| 第2章 | 文字を入力・編集しよう

03 文字を貼り付ける

貼り付け先を左クリックします❶。［ホーム］タブの （［貼り付け］ボタン）を左クリックします❷。

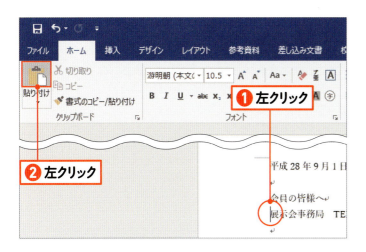

> **memo**
> ショートカットキーで貼り付け操作をするには、Ctrlキーを押しながらVキーを押します。

04 文字が貼り付けられた

手順❷で切り取った文字が貼り付けられます。

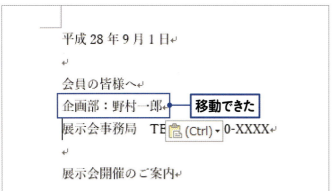

✓ Check! 貼り付ける形式を選択する

文字を移動したりコピーしたりするとき、文字を貼り付けた直後に表示される (Ctrl)▼ （［貼り付けのオプション］ボタン）を左クリックすると、貼り付ける形式を選択できます。たとえば、書式（44ページ参照）が設定された文字をコピーして貼り付けたとき、 (Ctrl)▼ を左クリックし❶、 （［テキストのみ保持］）を左クリックすると❷、文字飾りなどを省き文字情報だけを貼り付けられます。

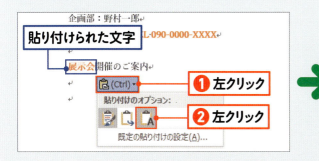

練習ファイル：02-06a　完成ファイル：02-06b

定型文を自動で入力しよう

lesson. 2-6

ワードで文字を入力すると、入力支援機能が自動で働く場合があります。ここでは、入力オートフォーマットの機能を利用しながら文書の続きを入力します。

01 頭語を入力する

左の位置をクリックして、「拝啓」と入力します❶。「スペース」キーを押します❷。「敬具」の文字が自動で入力されます。

memo
「前略」と入力した場合は「草々」、「謹啓」と入力した場合は「謹白」のように、入力した頭語に合った結語が入力されます。

02 「記」を入力する

続きの文章を入力します❶。「敬具」の下の行を左クリックして、「記」と入力します❷。Enterキーを押します❸。

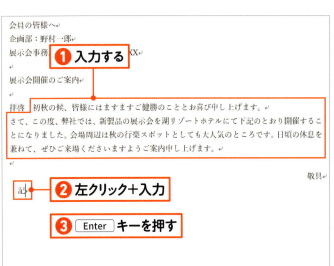

| 第2章 | 文字を入力・編集しよう

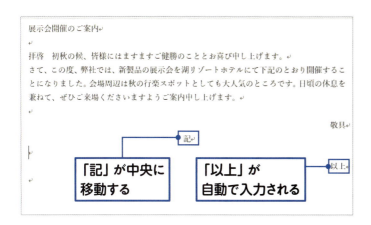

03 「以上」が表示される

「記」が中央に移動し、「以上」の文字が自動で入力されます。

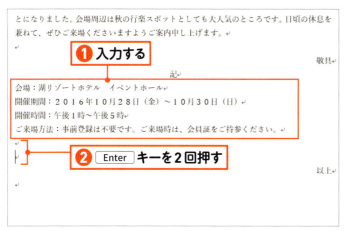

04 続きを入力する

続きの文章を入力します❶。 Enter キーを2回押して空白行を2行分入れます❷。

✓ Check! 入力オートフォーマットについて

入力オートフォーマット機能とは、入力した文字に応じて、次に入力する内容を自動で入力する機能です。たとえば、次のようなものがあります。

入力する内容	自動で入力される内容	補足
拝啓（スペース）	敬具	「敬具」は、右揃えになる
記（改行）	以上	「記」は中央揃えになる。「以上」は、右揃えになる
1.（文字＋改行）	2.	次の行の行頭に段落番号が表示される
・（スペース＋文字＋改行）	・	次の行の行頭に箇条書きの記号が表示される
---（改行）	罫線	段落の下に罫線が表示される

練習ファイル：02-07a　完成ファイル：02-07b

記号や特殊文字を入力しよう

2-7

記号を入力するには、記号の読みを入力して変換します。
よく使う記号の読みを覚えておきましょう。

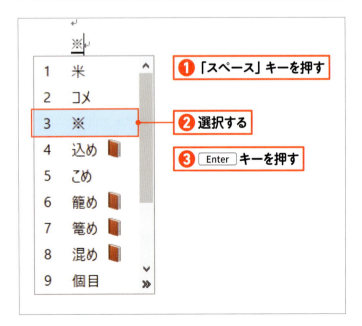

01 読みを入力する

記号を入力する箇所を左クリックして、「こめ」と入力します❶。「スペース」キーを押します❷。

> **memo**
> ここでは、「※」を入力します。「※」は「こめ」と入力して変換します。

02 文字変換する

「スペース」キーを押して変換候補を表示し❶、何度か「スペース」キーを押して「※」を選択します❷。Enterキーを押して決定します❸。

> **memo**
> 変換した直後に「※」が表示された場合は、そのままEnterキーを押して決定します。

| 第2章 | 文字を入力・編集しよう

03 記号が入力できた

「※」が入力されました。続きの文字を入力します❶。【】は「かっこ」と入力して変換します。

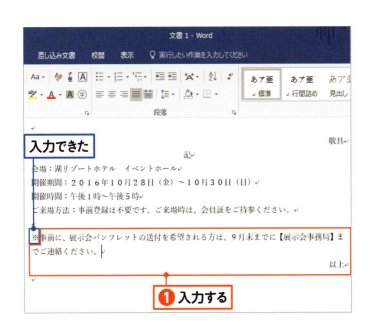

> **memo**
> 「まる」「さんかく」「しかく」と入力して変換すると「●」「△」「◇」などの記号を入力できます。「★」は「ほし」、「〒」は「ゆうびん」で変換します。また、「きごう」と入力して変換すると、さまざまな記号を入力できます。

✓ Check! 特殊文字を入力する

コピーライト「©」や商標「™」、登録商標「®」などの記号を入力するには、[挿入] タブの を左クリックし❶、Ω その他の記号(M)... を左クリックします❷。続いて表示される画面で、[特殊文字] タブを左クリックし❸、記号を選択して❹、挿入(I) を左クリックすると❺、文字カーソルの位置に記号が入力されます。

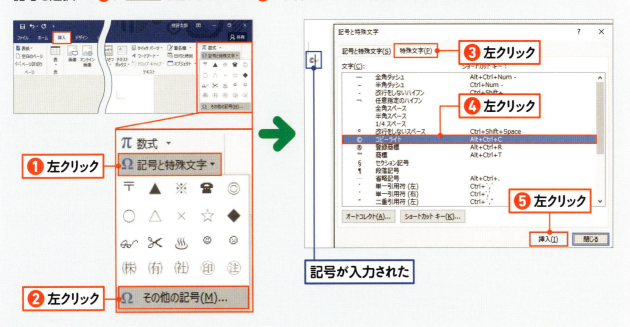

第2章 練習問題

1 文字を入力する位置を示すカーソルはどれですか？

① 　　② 　　③

2 文字を漢字に変換するときに押すキーはどれですか？

① スペース キー　　② Enter キー　　③ Delete キー

3 文字カーソルの右の文字を消すときに押すキーはどれですか？

① Delete キー　　② Backspace キー　　③ → キー

▶ Chapter

文字の見た目を変えよう

この章では、前の章で入力した文字の見た目を変更する方法を紹介します。タイトルの文字の形や大きさを変更したり、文字や文字の背景に色をつけたりします。文字にメリハリをつけて、注目してほしい箇所が目立つように工夫しましょう。

» Visual Index

Chapter 3
文字の見た目を変えよう

---

lesson. **1**　書式について知る　　　　　　　　　　　　　　　　　　GO >> P.044

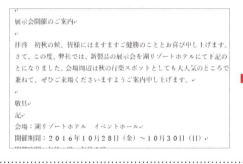 →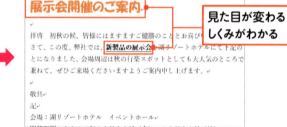

見た目が変わるしくみがわかる

---

lesson. **2**　文字の形と大きさを変える　　　　　　　　　　　　　　GO >> P.046

 →

形と大きさが変わった

---

lesson. **3**　文字の色を変える　　　　　　　　　　　　　　　　　　GO >> P.048

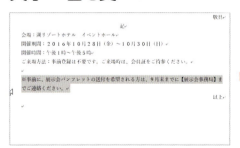 →

色が変わった

lesson. 4 文字を太字や下線付きにする

GO >> P.050

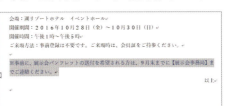 

太字+下線付きになった

lesson. 5 文字の背景に色を付ける

GO >> P.052

色が付いた

lesson. 6 文字をもっと派手にする

GO >> P.054

派手になった

lesson. 7 段落の下に区切り線を引く

GO >> P.056

区切り線が引かれた

lesson. 8 文字の書式をコピーする

GO >> P.058

この文字の書式が
コピーされた

3 文字の見た目を変えよう

43

lesson. 3-1 書式とは

練習ファイル：なし　完成ファイル：なし

文書のタイトルを目立たせたり、文字の配置を整えるには、書式を設定します。文字書式や段落書式とは何かを知りましょう。

書式とは

文字を強調したり、文字の配置を調整して文書の見栄えを整えたりする設定のことを「書式」と言います。文字単位で設定する書式や、段落単位で設定する書式などがあります。

文字	+	書式	=	表示が変わる
ゴルフコンペのお知らせ	+	太字（文字書式） 下線（文字書式） 中央揃え（段落書式）	=	ゴルフコンペのお知らせ

●文字書式とは

文字書式とは、文字単位に設定する書式のことです。文字の形（フォント）や文字の大きさ、色、太字、下線などの書式があります。

文字だけの場合

展示会開催のご案内
拝啓　初秋の候、皆様にはますますご健勝のこととお喜び申し上げます。
さて、この度、弊社では、新製品の展示会を湖リゾートホテルにて下記のとになりました。会場周辺は秋の行楽スポットとしても大人気のところで兼ねて、ぜひご来場くださいますようご案内申し上げます。
敬具
記
会場：湖リゾートホテル　イベントホール
開催期間：２０１６年１０月２８日（金）～１０月３０日（日）

文字書式を設定した場合

展示会開催のご案内
拝啓　初秋の候、皆様にはますますご健勝のこととお喜び申し上げます。
さて、この度、弊社では、**新製品の展示会**を湖リゾートホテルにて下記のとになりました。会場周辺は秋の行楽スポットとしても大人気のところで兼ねて、ぜひご来場くださいますようご案内申し上げます。
敬具
記
会場：湖リゾートホテル　イベントホール

| 第3章 | 文字の見た目を変えよう

●段落書式とは

段落書式とは、段落に対して設定する書式です。段落とは、⏎から⏎までのまとまった単位のことです。段落書式には、文字の配置、文字の字下げ、行間などがあります。

文字だけの場合　　　　　　　　　段落書式を設定した場合

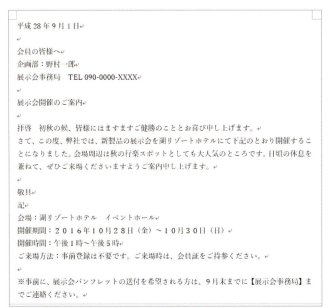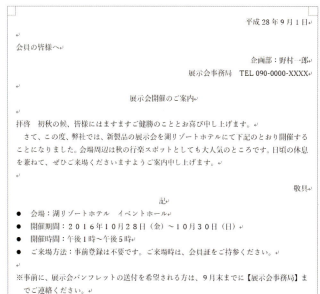

書式設定の流れ

文書を作成するときは、一般的に、まず文字を入力して内容を指定します。続いて、文字や段落を選択してから書式を設定して文書の体裁を整えます。文字や段落を選択せずに書式を指定しても、思うように操作できないので注意しましょう。

1.文字の入力	2.文字や段落を選択	3.書式設定
今日は良い天気です	今日は良い天気です	今日は**良い**天気です

練習ファイル：03-02a　完成ファイル：03-02b

lesson. 3-2 文字の形と大きさを変えよう

文字の形のことを、フォントと言います。
文字のフォントや大きさを変更して文字を目立たせましょう。

▶ 文字のフォントを変える

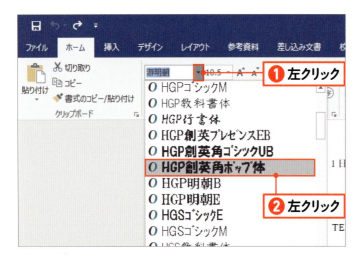

01 文字を選択する

文字のフォントを変える文字を選択します。ここでは、行頭を左クリックして行ごと選択しています❶。

> **memo**
> 1文字ずつ選択するには、ドラッグして文字を選択します。文字の選択については、28ページを参照してください。

02 フォントを選択する

［ホーム］タブの 游明朝(本文(▼ （［フォント］）の右側の▼を左クリックします❶。開いたメニューから文字の形を選んで左クリックします❷。

> **memo**
> 日本語の文字のフォントを選択するときは、日本語で書かれている日本語のフォントを選びます。なお、ワード2016では、最初は「游明朝」（ゆうみんちょう）のフォントが指定されています。

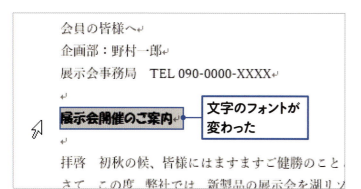

03 文字のフォントが変わった

文字のフォントが変わりました。

文字の大きさを変える

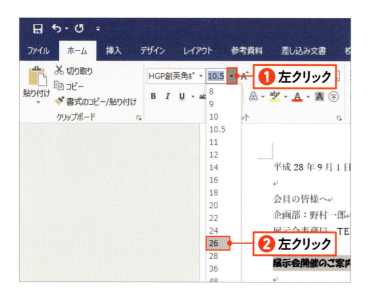

01 文字の大きさを選択する

大きさを変える文字を選択したあと、[ホーム]タブの 10.5 ([フォントサイズ])の右側の▼を左クリックします❶。開いたメニューから文字の大きさを選んで左クリックします❷。

> **memo**
> 文字の大きさは、ポイントという単位で指定します。1ポイントは約0.35mm（1/72インチ）なので10ポイントで3.5mmくらいの大きさです。

02 文字の大きさが変わった

文字の大きさが変わりました。

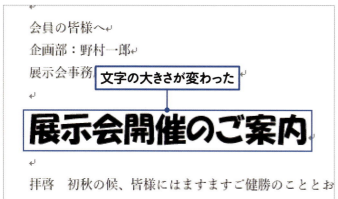

練習ファイル：03-03a　完成ファイル：03-03b

文字の色を変えよう

3-3

強調したい箇所の文字の色を変更します。
文字を選択したあと、色のパレットから色を選択します。

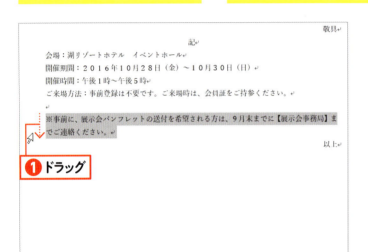

01 文字を選択する

色を変更する文字を選択します。ここでは、行頭をドラッグして複数行を選択しています❶。

02 文字の色を選択する

[ホーム]タブの（[フォントの色]ボタン）右側の▼を左クリックします❶。表示される色の一覧から色を選んで左クリックします❷。

> **memo**
> 文字の色を変えた後、元の色に戻すには、手順02で ■ 自動(A) を左クリックします。

| 第3章 | 文字の見た目を変えよう

03 文字の色が変わった

文字の色が指定した色に変更されます。

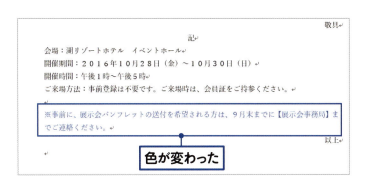

色が変わった

✓ Check! テーマについて

ワードでは、文書全体のデザインを簡単に整えられるようにデザインのテーマが用意されています。テーマには、文字のフォントや色、図形の質感などの「書式の組み合わせ」が登録されています。テーマを選択するには、[デザイン] タブの （[テーマ] ボタン）を左クリックして❶、テーマを選び左クリックします❷。
なお、手順❷で文字の色を選択するとき、ここでは、「テーマの色」から色を選択しました。その場合、テーマを変更すると、テーマに応じて文字の色が変わります。

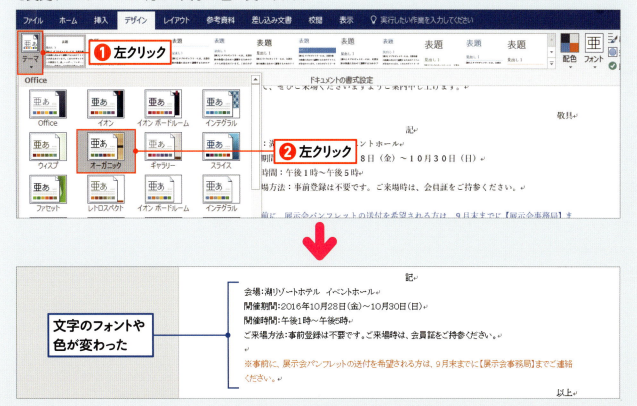

文字のフォントや色が変わった

練習ファイル：03-04a　完成ファイル：03-04b

lesson. 3-4 文字を太字や下線付きにしよう

強調したい文字をさらに目立たせるために、太字や下線の飾りを付けます。太字や下線は、クリックするたびにオンとオフを切り替えられます。

▶ 文字を太字にする

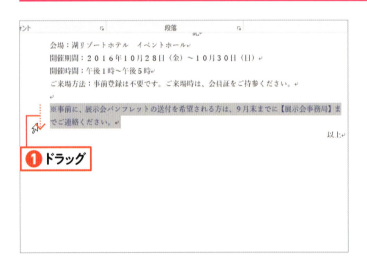

01 文字を選択する

太字にする文字をドラッグして選択します。ここでは、行頭をドラッグして複数行を選択しています❶。

> **memo**
> 1文字ずつ選択するには、ドラッグして文字を選択します。文字の選択については、28ページを参照してください。

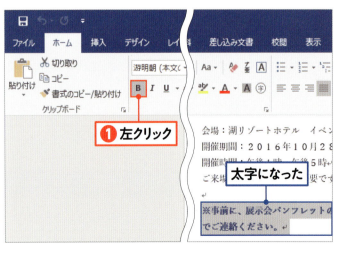

02 文字を太字にする

［ホーム］タブの B （［太字］ボタン）を左クリックします❶。すると、文字が太字になります。

> **memo**
> 太字を解除するには、太字の文字を選択して、［ホーム］タブの B を左クリックします。

文字に下線を付ける

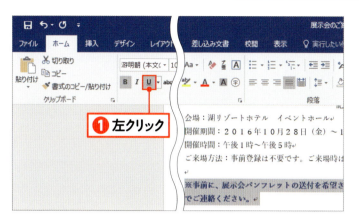

01 文字に下線を付ける

下線を付ける文字を選択し、[ホーム] タブの U ([下線] ボタン) を左クリックします❶。

> **memo**
> [ホーム] タブの I ([斜体] ボタン) を左クリックすると、文字を斜めに傾ける斜体の飾りを付けられます。

02 文字に下線が付いた

文字に下線が付きました。

✓ Check! 複数の飾りをまとめて設定する

文字のフォントや大きさ、太字などの複数の飾りをまとめて設定するには、飾りを付ける文字をドラッグして選択し❶、[ホーム] タブの [フォント] の 🗔 ([ダイアログボックス起動ツール]) を左クリックします❷。続いて表示される画面で飾りの内容を指定し❸、 OK を左クリックします❹。

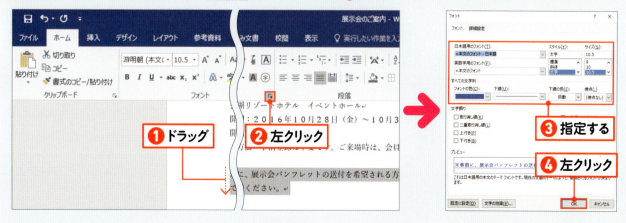

文字の背景に色を付けよう

3-5

lesson.

文字の背景部分に色を付ける飾りを付けましょう。
色のパレットから、色を選択します。

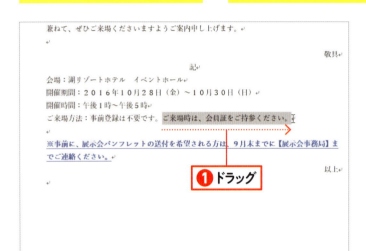

01 文字を選択する

背景に色を付ける文字をドラッグして選択します❶。

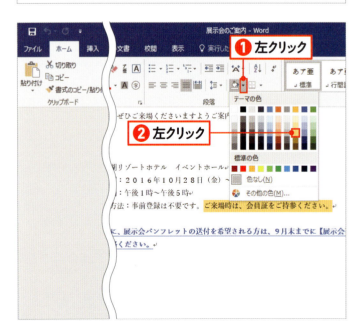

02 色を選択する

［ホーム］タブの （［塗りつぶし］ボタン）の右側の▼を左クリックします❶。色の一覧から色を選び左クリックします❷。

第3章 文字の見た目を変えよう

03 背景に色が付いた

文字の背景に色が付きました。

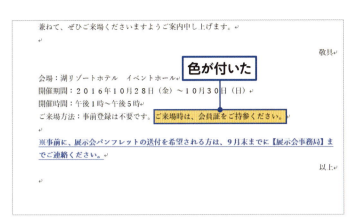

✓ Check! 文字に網掛けの飾りを付ける

文字に網掛けの飾りを設定するには、対象の文字をドラッグして選択し❶、[ホーム]タブの ([網掛け]ボタン)を左クリックします❷。すると、文字の背景に網がかかったような飾りが設定されます。

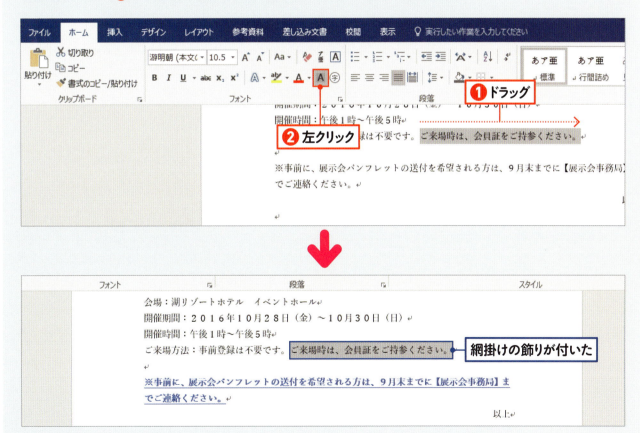

練習ファイル：03-06a　完成ファイル：03-06b

文字をもっと派手に飾ろう

3-6

タイトルなどに派手な飾りを付けるには、ワードアートの機能を利用すると便利です。
文字の縁取りや影、文字を立体的に見せる飾りなどを簡単に設定できます。

01 文字を選択する

派手な飾りを付ける文字を選択します。ここでは、行頭を左クリックして行ごと選択しています❶。

02 飾りのスタイルを選択する

[ホーム]タブの A▼（[文字の効果と体裁]ボタン）を左クリックします❶。飾りのスタイルの一覧から気に入ったデザインを選び左クリックします❷。

| 第3章 | 文字の見た目を変えよう

03 飾りが設定された

文字に派手な飾りが付きました。

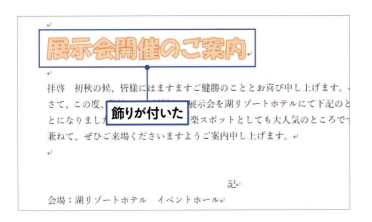

飾りが付いた

✓ Check! 書式をまとめて解除する

文字や段落に設定した複数の書式をまとめて解除するには、書式を解除する箇所をドラッグして選択し❶、[ホーム]タブの ![icon] ([すべての書式をクリア]ボタン)を左クリックします❷。すると、文字書式や段落書式などがまとめて削除されます。

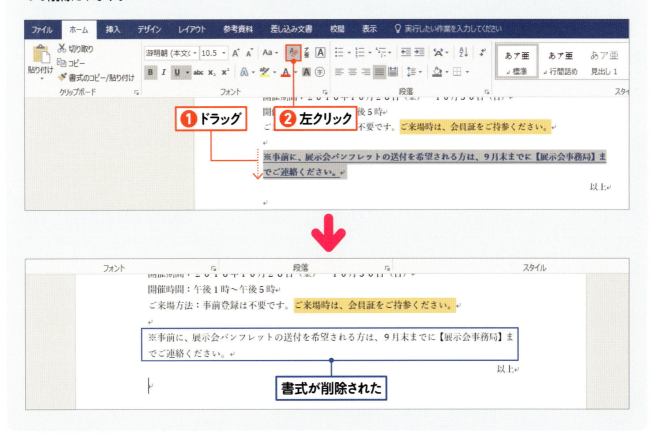

❶ドラッグ　❷左クリック

書式が削除された

3 文字の見た目を変えよう

55

段落の下に区切り線を引こう

3-7

タイトルが入力されている段落の下に区切り線を引きます。
タイトルの段落を選択し、線を引く場所を選択します。

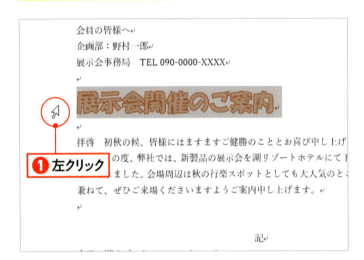

01 行全体を選択する

区切り線を引く段落全体を選択します。ここでは、タイトル行の行頭で左クリックします❶。

> **memo**
> 段落全体の下に線を引くには、段落後の ↵ までを選択します。

02 線の種類を選ぶ

[ホーム] タブの ▦▾ ([罫線] ボタン) の右側の▼を左クリックします❶。 下罫線(B) を左クリックします❷。

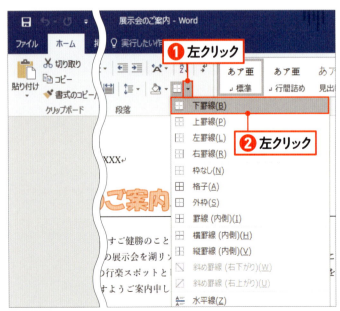

| 第3章 | 文字の見た目を変えよう

03 線が引けた

タイトル行の下に罫線が表示されます。

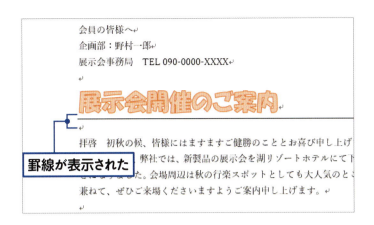

✓ Check! 線の色や種類を指定する

線の色や種類を選択するには、手順で ［線種とページ罫線と網かけの設定(O)...］ を左クリックします。すると、線の種類や色を指定する画面が表示されます。［種類］の一覧から線の種類を、［色］の▼を左クリックして色を、［線の太さ］の▼を左クリックして線の太さを選択し❶、右側の枠で線を引く場所を左クリックして指定して❷、［OK］を左クリックすると❸、指定した線が引かれます。

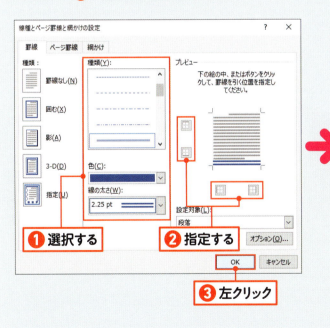
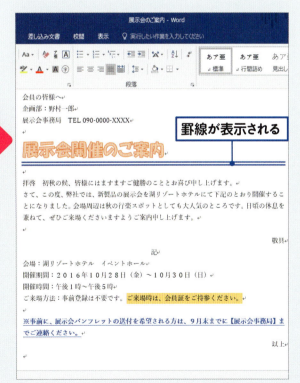

練習ファイル : 03-08a　　完成ファイル : 03-08b

文字の書式を コピーしよう

3-8

同じ飾りを別の文字に設定するには、書式のコピーをします。
複数の書式が設定されている場合でも、書式情報をまとめてコピーできます。

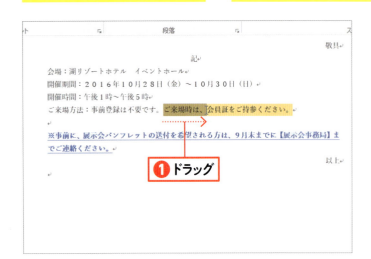

01 文字を選択する

コピーしたい書式が設定されている文字をドラッグして選択します❶。

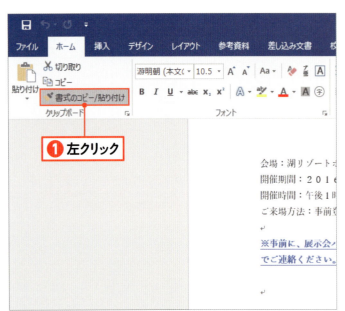

02 書式をコピーする

［ホーム］タブの を左クリックします❶。

| 第3章 | 文字の見た目を変えよう

03 コピー先を選択する

マウスポインターの形が刷毛（はけ）の形に変わります。書式のコピー先をドラッグします❶。

04 書式がコピーされた

書式がコピーされました。

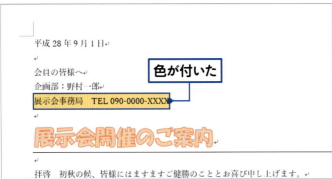

 Check!　書式を連続コピーする

複数の箇所に書式を連続してコピーするには、手順02で［ホーム］タブの 書式のコピー/貼り付け をダブルクリックします❶。すると、 書式のコピー/貼り付け が押された状態に固定されます。ドラッグ操作を繰り返すと書式を連続コピーできます❷❸。書式コピーの操作を終えるには、Esc キーを押します。

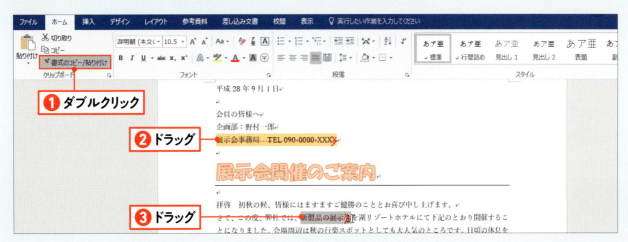

第3章 練習問題

1 文字の形や色を変更するときに、最初にすることは何でしょう?

① 飾りの種類を選択する

② 文字を選択する

③ スペース キーを押す

2 文字を太字にするときに左クリックするボタンはどれですか?

① **B**　　② *I*　　③

3 文字の書式をコピーするときに左クリックするボタンはどれですか?

① 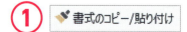　　② 　　③

▶ **Chapter**

文書のレイアウトを整えよう

この章では、文字の配置を変更して全体のレイアウトを整える方法を紹介します。タイトルは中央に、日付や差出人の情報は右に揃えます。また、別記事項を分かりやすく表示するために箇条書きの書式を設定したり、項目名の文字を均等に揃えたりします。

Chapter 4
» Visual Index
文書のレイアウトを整えよう

lesson. 1 文字を中央や右に揃える　　GO ›› P.064

lesson. 2 先頭の行を1文字字下げする　　GO ›› P.066

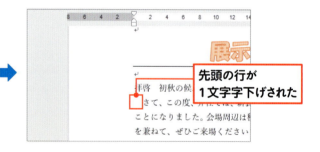

lesson. 3 段落全体を字下げする　　GO ›› P.068

lesson. 4 　2行目以降の左位置を字下げする　GO ›› P.070

lesson. 5 　箇条書きにする　GO ›› P.072

 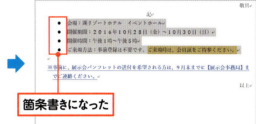

lesson. 6 　文字を均等に揃える　GO ›› P.074

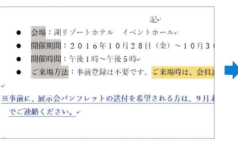 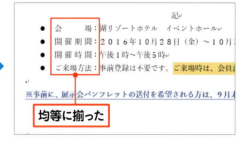

lesson. 7 　改ページする　GO ›› P.076

lesson. 4-1 文字を中央や右に揃えよう

文書のタイトルを中央に、差出人を右揃えにするなど文字の配置を整えます。
文字の配置は、段落単位に設定できます。

▶ 文字を中央に揃える

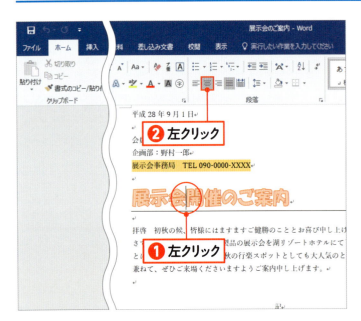

01 中央揃えを選択する

文字の配置を変更する段落内を左クリックして段落を選択します❶。［ホーム］タブの ≡（［中央揃え］ボタン）を左クリックします❷。

memo
複数の段落の文字の配置を選択するには、選択する段落の左端をドラッグして複数の段落を選択してから操作します。29ページを参照してください。

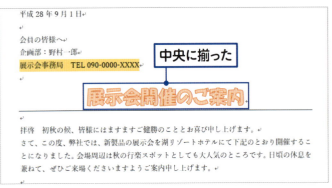

02 文字が中央に揃った

選択していた段落の文字が中央に配置されます。

文字を右に揃える

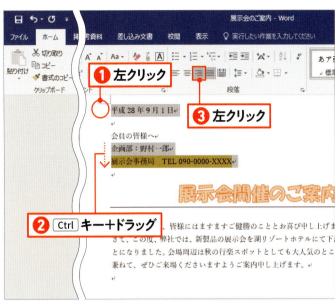

01 右揃えを選択する

文字の配置を変更する段落の左端を左クリックして選択します❶。同時に文字の配置を変更する段落の左端を、Ctrlキーを押しながらドラッグして選択します❷。[ホーム] タブの ≡（[右揃え] ボタン）を左クリックします❸。

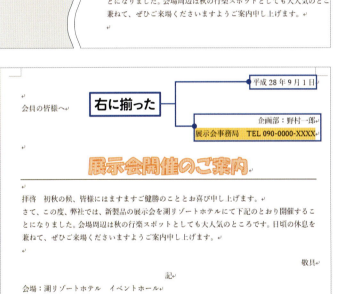

02 文字が右に揃った

選択していた段落の文字が右端に配置されます。

 Check! 配置を元に戻す

段落の配置は、標準では両端揃えになっています。文字の配置を元に戻すには、対象の段落を選択し、[ホーム] タブの ≡（[両端揃え] ボタン）を左クリックします。

lesson.

4-2 先頭の行を1文字下げよう

段落の先頭行だけ1文字下げるには、1行目のインデントの位置を指定します。ここでは、ルーラーを表示して操作します。

01 ルーラーを表示する

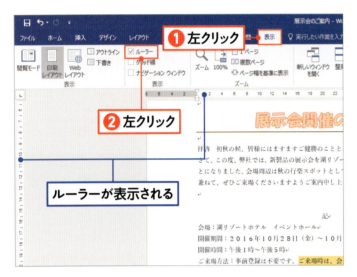

［表示］タブを左クリックします❶。［ルーラー］を左クリックしてチェックを付けます❷。すると、ルーラーが表示されます。

> **memo**
> ルーラーとは、文字や図形などの配置を指定したり、位置を調整する目安にするものです。［表示］タブの［ルーラー］を左クリックすると、表示／非表示を切り替えられます。

02 段落を選択する

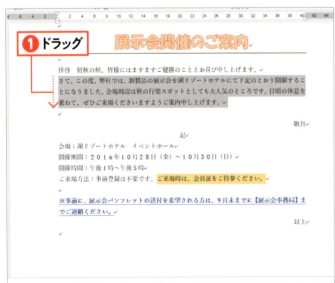

先頭行の位置を字下げする段落をドラッグして選択します❶。

| 第4章 | 文書のレイアウトを整えよう

03 先頭行を字下げする

ルーラーの▽を右にドラッグします。Altキーを押しながらドラッグすると、文字数の目安が表示されます❶。ここでは、1文字分字下げします。

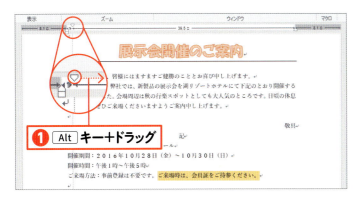

04 先頭行が字下げされた

段落の先頭行の位置が1文字分字下げされて表示されます。

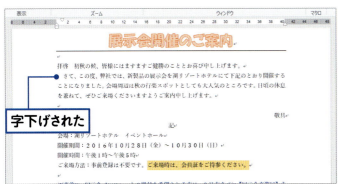

✓ Check! インデントマーカーについて

ルーラーには、以下のように複数のインデントマーカーがあります。インデントマーカーをドラッグすると、選択している段落の文字の配置を変更できます。

❶ [左インデント] マーカー	1行目のインデントとぶら下げインデントの間隔を保ったまま、段落の左端の位置を指定
❷ [1行目のインデント] マーカー	段落の先頭行の左位置を指定
❸ [ぶら下げインデント] マーカー	段落の2行目以降の行の左位置を指定
❹ [右インデント] マーカー	段落の右端の位置を指定

lesson.

段落全体を字下げしよう

4-3

練習ファイル：04-03a　完成ファイル：04-03b

箇条書きで列記する項目部分を、字下げして表示します。
［ホーム］タブの［インデント］ボタンで1文字分ずつ調整できます。

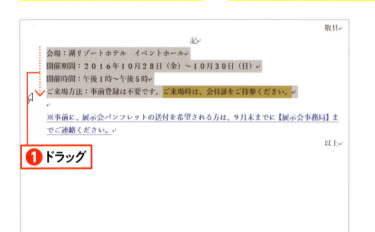

01 段落を選択する

字下げする段落の左端をドラッグして選択します❶。

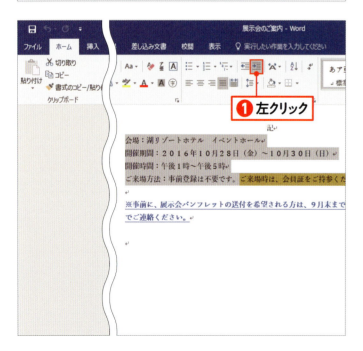

02 1文字分字下げする

［ホーム］タブの （［インデントを増やす］ボタン）を左クリックします❶。

memo
選択している段落を字下げするには、ルーラーの
［左インデント］マーカー（67ページ参照）を右方向
にドラッグする方法もあります。

| 第4章 | 文書のレイアウトを整えよう

03 さらに字下げする

段落の左位置が1文字分字下げされます。再度、［ホーム］タブの ▤ を左クリックします❶。

> **memo**
> ▤ を左クリックするたびに、1文字ずつ字下げされます。

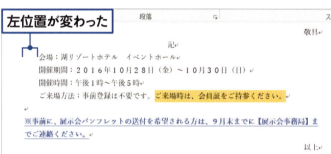

04 2文字分字下げされた

選択していた段落が2文字分字下げされて、左端の文字の先頭位置が変わりました。

✓ Check! 字下げ位置を元に戻す

字下げした段落の左位置を右に戻すには、［ホーム］タブの （［インデントを減らす］ボタン）を左クリックします❶。 ▤ や ▤ を使用して位置を調整しましょう。

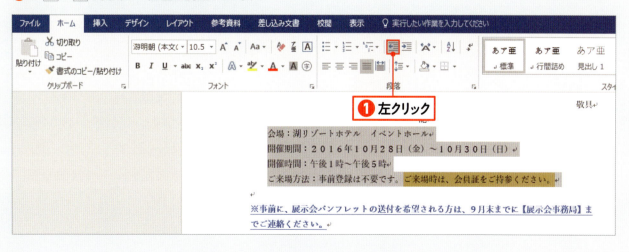

lesson.
4-4

| 練習ファイル | : 04-04a | 完成ファイル | : 04-04b |

2行目以降の左位置を調整しよう

注意書き部分の先頭の記号を目立たせます。
ここでは、[ぶら下げインデント] マーカーを使用して2行目以降を字下げします。

01 段落を選択する

2行目以降の位置を字下げする段落をドラッグして選択します❶。

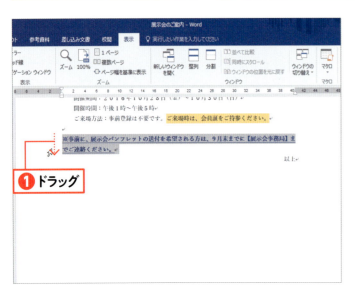

> **memo**
> ルーラーが表示されていない場合は、66ページを参照してください。

02 2行目以降を字下げする

ルーラーの △ を右にドラッグします。Alt キーを押しながらドラッグすると、文字数の目安が表示されます❶。ここでは、1文字分字下げします。

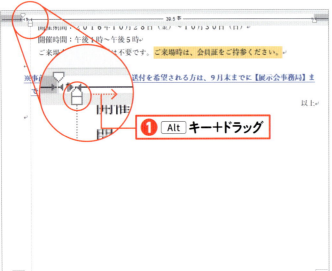

03 2行目以降が字下げされた

段落の2行目以降の左位置が1文字分字下げされて表示されます。

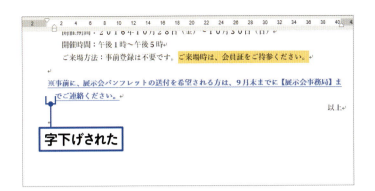

字下げされた

✓ Check! インデントの設定を元に戻す

インデントの設定を変更したあと、設定を行った段落の末尾で Enter キーを押すと❶、インデントの設定などが引き継がれます。配置やインデントの設定を解除して標準のスタイルに戻すには、Ctrl + Shift + N キーを押します❷。

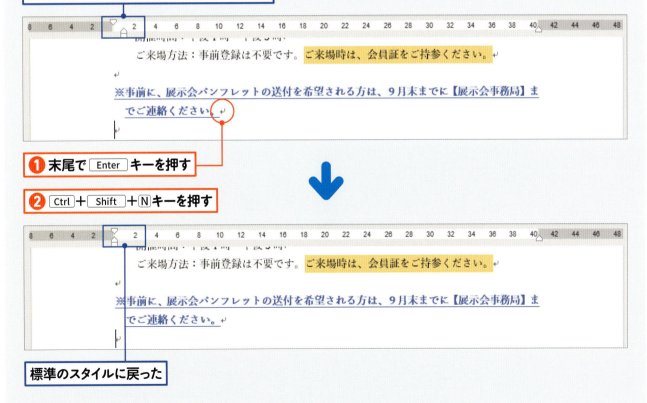

lesson.

箇条書きにしよう

 練習ファイル：04-05a　完成ファイル：04-05b

4-5

会場や開催期間などの項目を箇条書きで列記します。
箇条書きの書式を設定し、行頭に記号を付けて目立たせます。

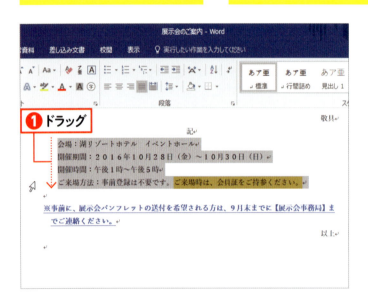

01 段落を選択する

箇条書きの書式を設定する段落の左端をドラッグして選択します❶。

02 箇条書きの書式を設定する

［ホーム］タブの （［箇条書き］ボタン）を左クリックします❶。

memo
箇条書きの先頭に表示する記号を選択するには、 の右側の▼を左クリックして記号を選択します。

| 第4章 | 文書のレイアウトを整えよう

03 箇条書きが設定された

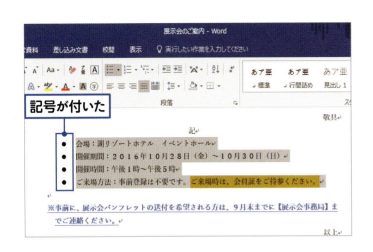

箇条書きの書式が設定されます。選択していた段落の行頭に記号が表示されます。

> **memo**
> 箇条書きの設定を解除するには、段落を選択して ≡ を左クリックします。

✓ Check! 段落番号を表示する

手順を列記するなど、段落の先頭に番号が必要なときは、段落番号の書式を設定するとよいでしょう。それには、対象の段落をドラッグして選択し❶、[ホーム] タブの ≡ ([段落番号] ボタン) を左クリックします❷。 ≡ の右側の▼を左クリックすると、番号のスタイルを選択できます。

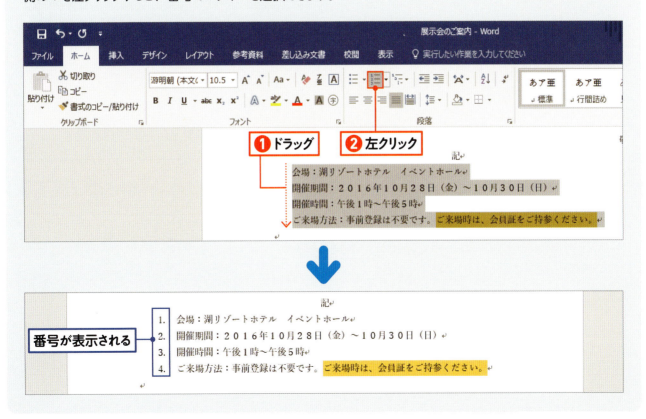

lesson.

4-6 文字を均等に揃えよう

練習ファイル：04-06a　完成ファイル：04-06b

会場や開催期間などの項目の文字の幅を、均等に揃えます。
均等割り付け機能を使って、項目を5文字分の幅に割り付けます。

01 文字を選択する

項目名の文字をドラッグして選択します❶。
Ctrlキーを押しながら、同時に選択する文字列をドラッグして選択します❷。

02 均等割り付けを設定する

[ホーム]タブの （[均等割り付け]ボタン）を左クリックします❶。

| 第4章 | 文書のレイアウトを整えよう

03 文字数を指定する

[文字の均等割り付け]画面が表示されます。文字を割り付ける文字の幅を入力します❶。通常はそのままで問題ありません。 OK を左クリックします❷。

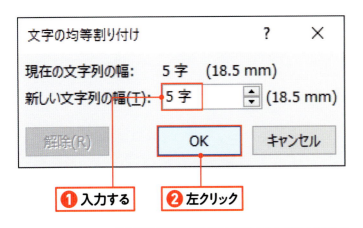

04 文字の幅が揃った

文字列が5文字分の幅に割り付けられた。

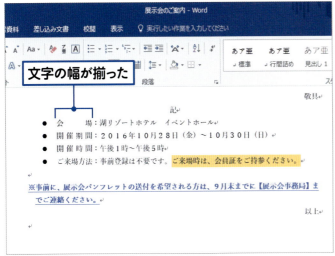

✓ Check! 均等割り付けを解除する

均等割り付けの書式を解除して元の状態に戻すには、手順01〜02の操作のあと、手順03の画面で 解除(R) を左クリックします❶。

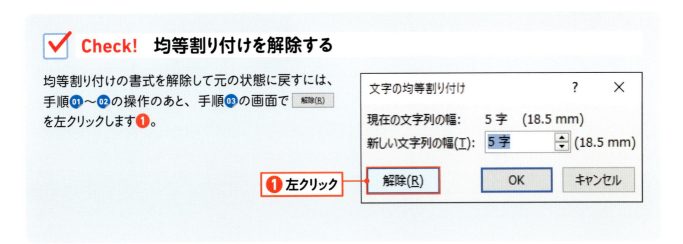

| 練習ファイル : 04-07a | 完成ファイル : 04-07b |

区切りのよいところで改ページしよう

ページの途中で改ページして、次のページに文字カーソルを移動します。改ページの指示を入れた箇所を確認する方法も覚えておきましょう。

▶ 改ページする

01 ページの区切りを指定する

改ページの指示を入れる箇所を左クリックして選択します❶。[挿入]タブを左クリックし❷、ページ区切りを左クリックします❸。

memo
Ctrl + Enter キーを押しても、改ページの区切りを入れられます。

02 改ページされた

改ページの指示が入り、文字カーソルが2ページ目の先頭に表示されます。

| 第4章 | 文書のレイアウトを整えよう

改ページ位置を確認する

01 編集記号を表示する

［ホーム］タブの（［編集記号の表示／非表示］ボタン）を左クリックします❶。

> **memo**
> 改ページ位置やスペースなどの編集記号を画面に表示するには、を左クリックします。左クリックするたびに表示／非表示を切り替えられます。

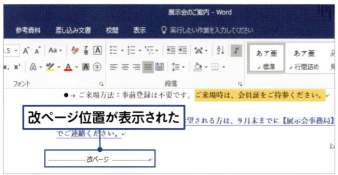

02 編集記号が表示された

編集記号が表示されます。改ページの指示を入れた箇所を確認できます。

Check! 改ページを解除する

改ページの指示を解除して元の状態に戻すには、改ページの指示を示す ────改ページ──── を、Delete キーや Back space キーを使用して削除します❶。

第4章 練習問題

1 文字を中央に揃えるときに左クリックするボタンはどれですか？

① 　② 　③

2 項目に対して箇条書きの書式を設定するときに左クリックするボタンはどれですか？

① 　② 　③

3 文字を指定した文字数に均等に割り付けるときに、左クリックするキーはどれですか？

① 　② 　③

▶ Chapter

表を入れよう

この章では、表を利用して細かい情報をまとめる方法を紹介します。まずは、表を追加して表に文字を入力します。続いて、表の項目の長さに合わせて列幅を整えたり、行や列を追加・削除したり、表の色や文字の配置などを整えて、表を完成させます。

Chapter 5

›› Visual Index

表を入れよう

---

lesson. 1　表を作る　　　　　　　　　　　　　　　　　　　GO ›› P.082

表が作れた

---

lesson. 2　表に文字を入力する　　　　　　　　　　　　　GO ›› P.084

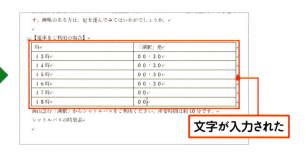

文字が入力された

---

lesson. 3　列幅・行高を変える　　　　　　　　　　　　　GO ›› P.086

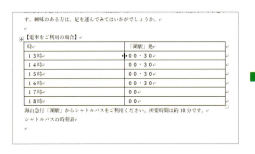
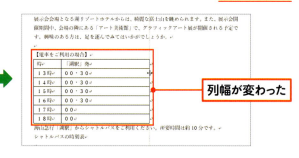

列幅が変わった

lesson. **4** 列や行を追加する　　　　　　　　　　　　　　　GO >> P.088

列が追加された

lesson. **5** 列や行を削除する　　　　　　　　　　　　　　　GO >> P.090

行が削除された

lesson. **6** 表全体に色を付ける　　　　　　　　　　　　　　GO >> P.092

色が付いた

lesson. **7** 文字の配置を調整する　　　　　　　　　　　　　GO >> P.094

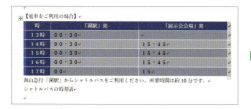 

配置が調整された

lesson. **8** 表を移動する　　　　　　　　　　　　　　　　　GO >> P.096

表が移動した

5 表を入れよう

練習ファイル：05-01a　完成ファイル：05-01b

表を作ろう

5-1

表を使って細かい情報を整理して表示しましょう。
ここでは、2列6行の表を追加します。

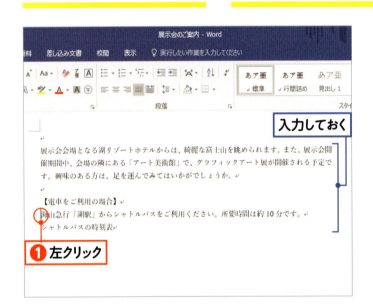

01 表を追加する準備をする

表を追加する場所を左クリックします❶。

memo
ここでは、2ページ目に表を追加します。2ページ目には、左のように文字を入力しておきます。

02 表を追加する

[挿入]タブを左クリックします❶。 ▦（[表の追加]ボタン）を左クリックします❷。追加する表の列数と行数のマス目を左クリックします❸。

memo
ここでは、2列6行の表を追加するので、上から6つ目、左から2つ目のマス目を左クリックします。

| 第5章 | 表を入れよう

03 表が追加された

2列6行の表が追加されました。

✓ Check! 表を削除する

表を削除するには、表内を左クリックし❶、[表ツール] の [レイアウト] タブの 📄（[表の削除] ボタン）を左クリックします❷。続いて、 表の削除(T) を左クリックします❸。

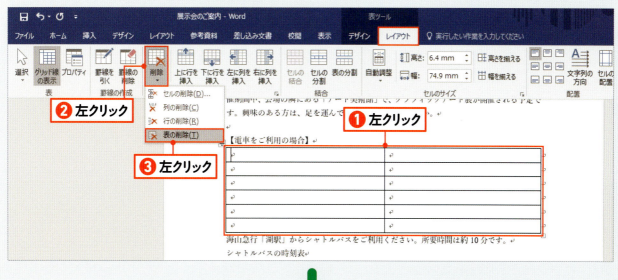

練習ファイル：05-02a　完成ファイル：05-02b

表に文字を入力しよう

5-2

表に文字を入力するときは、
Tabキーで文字カーソルを移動しながら入力します。
マウスを使わずに、キー操作だけで文字を入力する方法を知りましょう。

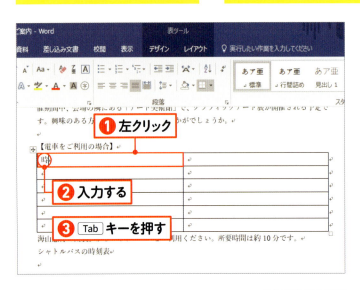

01 表内を選択する

表の左上隅のセルを左クリックします❶。
「時」と入力します❷。Tabキーを押します❸。

memo
表内のひとつひとつのマス目のことをセルと言います。

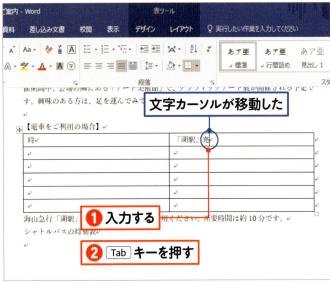

02 文字カーソルが移動した

文字カーソルが右のセルに移動しました。左のように文字を入力します❶。Tabキーを押します❷。

| 第5章 | 表を入れよう

03 2行目に文字を入力する

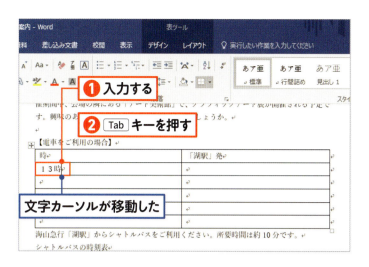

文字カーソルが2行目の左端のセルに移動しました。左のように文字を入力します❶。Tabキーを押します❷。

04 続きの文字を入力する

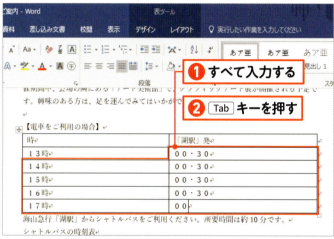

Tabキーを押して文字カーソルを移動しながら、左のようにすべてのセルに文字を入力します❶。表の右下隅のセルに文字を入力後、Tabキーを押します❷。

05 新しい行が追加された

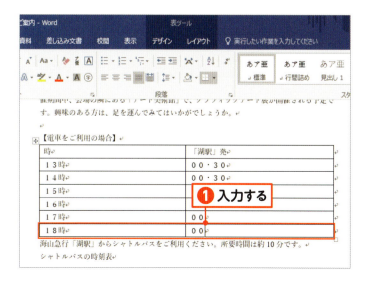

新しい行が追加されて行の左端のセルに文字カーソルが移動します。左のように文字を入力します❶。

| 練習ファイル | : 05-03a | 完成ファイル | : 05-03b |

列幅・行高を変えよう

5-3

表の文字の長さに合わせて、列幅や表の幅を変更しましょう。
列の境界線部分をドラッグして調整します。

01 列幅を変える準備をする

列幅を変えたい列の右側の境界線部分にマウスポインターを移動します❶。マウスポインターの形が に変わります。

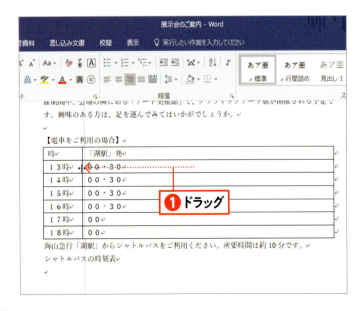

02 列幅を変更する

ドラッグして列幅を調整します。ここでは、列幅を狭くするため左方向にドラッグします❶。

第5章　表を入れよう

03　列幅が変わった

列幅が狭くなりました。表の右端の境界線にマウスポインターを移動します❶。

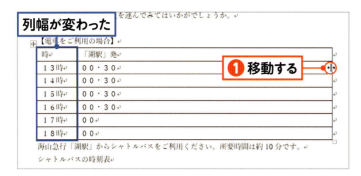

04　表の幅を変更する

左右にドラッグして表の幅を調整します。ここでは、表の幅を狭くするため左方向にドラッグします❶。すると、表の幅が変わります。

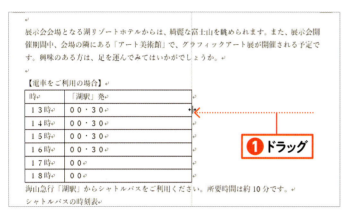

 Check!　行の高さを変更する

表の行の高さを調整するには、行の下境界線部分をドラッグします❶。なお、文字の入力中に改行したり、列幅に収まらない文字を入力した場合は、自動的に行の高さが高くなり文字が折り返して表示されます。

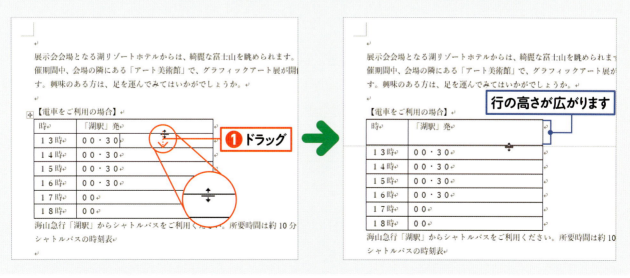

列や行を追加しよう

5-4

表内の列や行はあとから追加できます。
追加する行や列に隣接するセルを左クリックしてから、
追加する場所を指定します。

01 セルを選択する

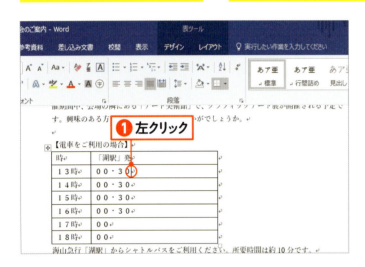

追加する行や列に隣接するセルを左クリックします❶。ここでは、2列目の右に列を追加するので、2列目のセルを選択しています。

02 列を挿入する

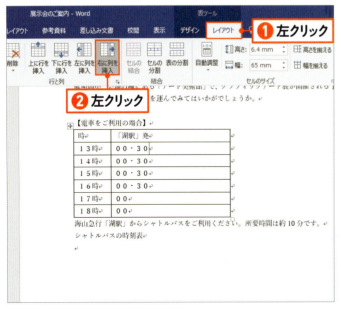

[表ツール]の[レイアウト]タブを左クリックします❶。（[右に列を挿入]ボタン）を左クリックします❷。

> **memo**
> 選択しているセルの左に列を追加するには（[左に列を挿入]ボタン）、上に行を追加するには■（[上に行を挿入]ボタン）、下に行を追加するには■（[下に行を挿入]ボタン）を左クリックします。

| 第5章 | 表を入れよう

03 列が追加された

選択していたセルの右に列が追加されました。列に文字を入力します❶。

✓ Check! ワンクリックで列や行を追加する

表に列や行を追加する方法は他にもあります。たとえば、行を追加したい箇所の左端にマウスポインターを移動します❶。表示される を左クリックすると❷、行が追加されます。表の上端にマウスポインターを移動し、同様に操作すると列が追加されます。

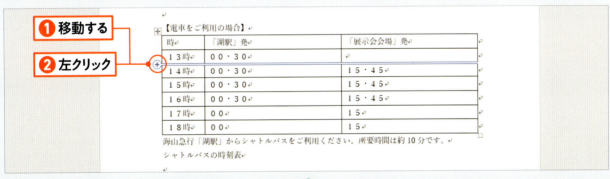

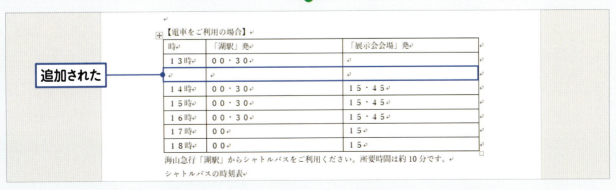

練習ファイル：05-05a　完成ファイル：05-05b

列や行を削除しよう

5-5

不要な列や行を削除します。
列や行を削除すると、その中の文字も削除されます。
なお、列を削除した場合は、必要に応じて列幅や表の幅を調整しましょう。

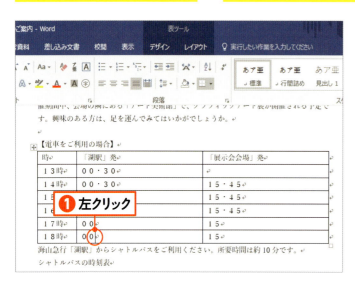

01 行を選択する

削除する行や列内のセルを左クリックします❶。

memo
ここでは、最後の行を削除するので、最後の行内を左クリックします。

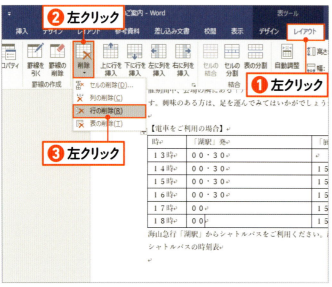

02 行を削除する

［表ツール］の［レイアウト］タブを左クリックします❶。(［表の削除］ボタン)を左クリックします❷。 行の削除(R) を左クリックします❸。

memo
表全体を削除するには 表の削除(T) を左クリックします。

| 第5章 | 表を入れよう

 行が削除された

選択していたセルの行が削除されました。

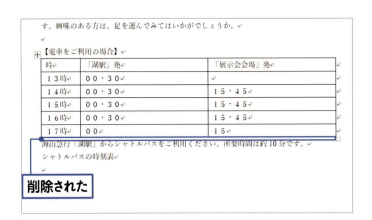

✓ Check! 列を削除する

表の列を削除するには、削除したい列内のセルを左クリックします❶。続いて、[表ツール] の [レイアウト] タブの 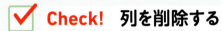 を左クリックし❷、 列の削除(C) を左クリックします❸。

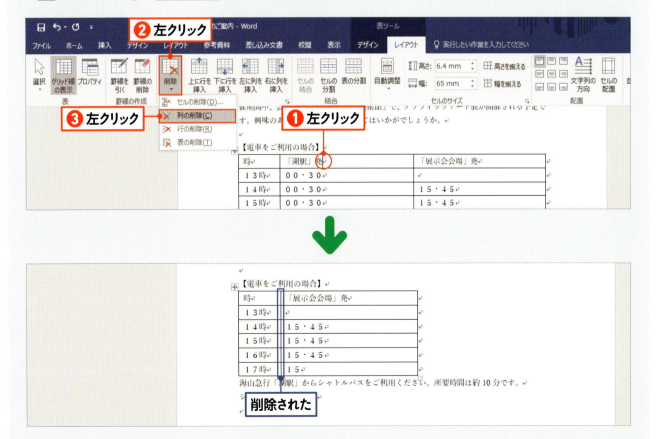

練習ファイル：05-06a　完成ファイル：05-06b

表全体に色を付けよう

5-6

表全体のデザインを設定するには、表のスタイルを利用すると便利です。表の背景の色や文字の色などのデザインをまとめて変更できます。

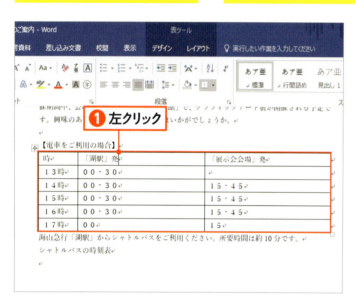

01 表を選択する

デザインを変更する表の中を左クリックします❶。

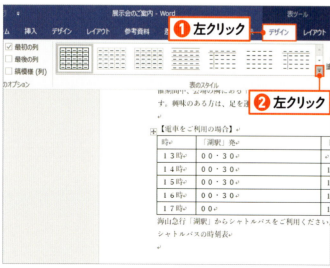

02 スタイル一覧を表示する

［表ツール］の［デザイン］タブを左クリックします❶。［表のスタイル］の ▽（［その他］ボタン）を左クリックします❷。

| 第5章 | 表を入れよう

03 スタイルを選択する

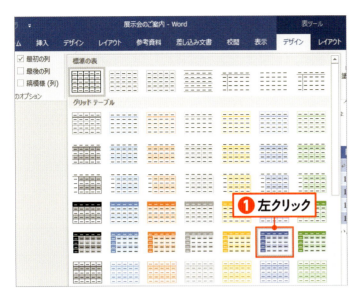

スタイルの一覧が表示されます。気に入ったスタイルを左クリックします 。

04 表に色が付いた

選択したスタイルが適用されます。表全体に色が付きました。

✓ Check!　オプションを指定する

[表ツール]の[デザイン]タブにある、[表スタイルのオプション]の□タイトル行 や□集計行 を左クリックしてチェックを付けると、タイトル行や集計行などを強調する飾りを付けられます。また、□縞模様(行) のチェックを付けると、表に1行おきに色を付けたりできます。

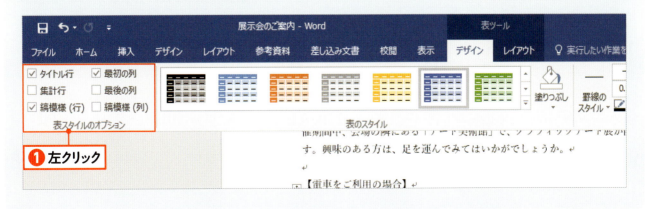

練習ファイル：05-07a 完成ファイル：05-07b

文字の配置を調整しよう

5-7

表の見出しの文字をセルの中央に配置します。
列やセルを選択してから［表ツール］の［レイアウト］タブで配置を指定します。

01 列を選択する

選択する列の上端にマウスポインターを移動し、マウスポインターの形がになったら左クリックします❶。

02 配置を選択する

列が選択されました。［表ツール］の［レイアウト］タブを左クリックします❶。 （［中央揃え］ボタン）を左クリックします❷。

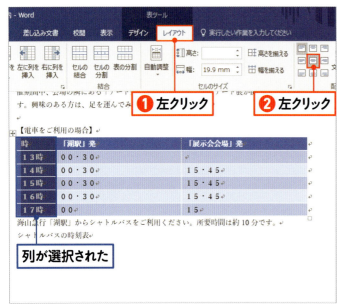

| 第5章 | 表を入れよう

03 セルを選択する

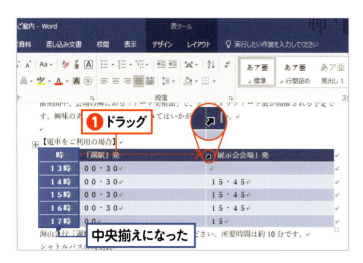

左の列の文字が中央揃えになります。上の見出しのセルの左端にマウスポインターを移動します。マウスポインターの形が、↓になったら、横方向にドラッグして2つのセルを選択します❶。

04 配置を選択する

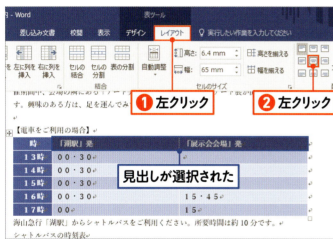

見出しが選択されました。[表ツール]の[レイアウト]タブを左クリックします❶。 ▣([中央揃え]ボタン）を左クリックします❷。

05 配置が変わった

見出しの文字がセルの中央に揃いました。

練習ファイル：05-08a　完成ファイル：05-08b

表を移動しよう

5-8

表を別の場所に移動します。
ここでは、表を移動したあとに、表を行の中央に配置します。

▶ 別の場所に貼り付ける

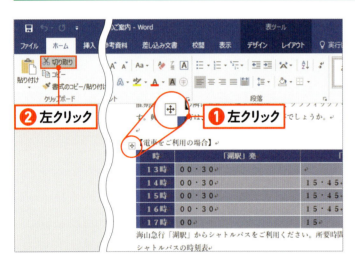

01 表を切り取る

表にマウスポインターを移動し、表の左上のを左クリックします❶。すると、表全体が選択されます。［ホーム］タブの 切り取り を左クリックします❷。

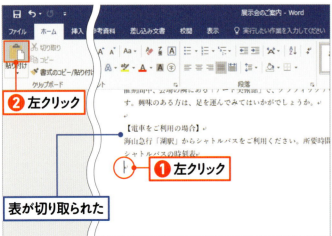

02 表を貼り付ける

表が切り取られます。表を貼り付ける場所を左クリックします❶。［ホーム］タブの （［貼り付け］ボタン）を左クリックします❷。

| 第5章 | 表を入れよう

03 表が貼り付けられた

表が指定した場所に移動しました。

移動した

表を中央に配置する

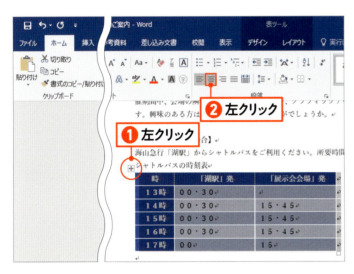

① 左クリック
② 左クリック

01 表の配置を変更する

表の左上の田を左クリックします❶。[ホーム]タブの≡（[中央揃え]ボタン）を左クリックします❷。

memo
ここでは解説のため、86ページの方法で表の幅を狭くしています。

02 表の配置が変わった

表が行の中央に配置されました。

中央に配置された

第5章 練習問題

1 表を作成するときに最初にすることは何ですか？

① ［挿入］タブの［表の追加］ボタンを左クリックする
② 表を作成する場所を選択する
③ 図形を描く

2 表の列幅を変更するときに、ドラッグする場所はどこですか？

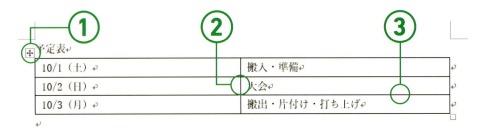

3 セルの中央に、文字を左揃えで配置するときに左クリックするボタンはどれですか？

① 　　② 　　③

▶ Chapter

6

イラストや写真を入れよう

この章では、文書にイラストや写真を入れる方法を紹介します。イラストや写真の大きさや表示位置を整えたり、写真の周囲に飾り枠をつけたりして綺麗に配置します。また、ワードアートの機能を利用して、派手な文字を表示する方法も紹介します。

Chapter 6
≫ Visual Index
イラストや写真を入れよう

lesson. **1** イラストを入れる　　GO ≫ P.102

lesson. **2** イラストの大きさを変える　　GO ≫ P.104

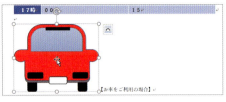 

lesson. **3** イラストの位置を変える　　GO ≫ P.106

lesson. **4** 写真を入れる　　GO ≫ P.108

lesson. 5 写真の大きさや位置を変える

GO >> P.110

大きさや位置が変わった

lesson. 6 写真の明るさを変える

GO >> P.112

明るさが変わった

lesson. 7 写真に飾り枠を付ける

GO >> P.114

飾り枠が付いた

lesson. 8 ワードアートを入れる

GO >> P.116

ワードアートが入った

lesson. 9 ワードアートの大きさと位置を変える

GO >> P.118

大きさや位置が変わった

練習ファイル：06-01a　完成ファイル：なし

イラストを入れよう

6-1

文書の内容に合ったイラストを入れましょう。
インターネットから検索して入れる方法や、
パソコンに保存してあるイラストを入れる方法を紹介します。

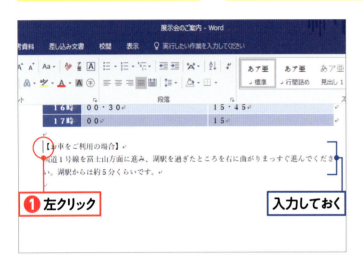

01 イラストを入れる場所を選択する

イラストを入れる場所を左クリックして文字カーソルを表示します❶。

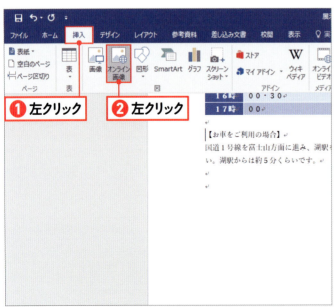

02 イラストを検索する準備をする

［挿入］タブを左クリックします❶。（［オンライン画像］ボタン）を左クリックします❷。

> **memo**
> ここでは、インターネット上のイラストを検索して入れる方法を紹介します。自分のパソコンに保存してあるイラストを追加するには、を左クリックします。続いて表示される画面でイラストを選択して追加します。108ページを参照してください。

第6章　イラストや写真を入れよう

03 イラストを検索する

［画像の挿入］画面が表示されます。の右の欄に検索キーワードを入力します❶。🔍を左クリックします❷。

04 イラストを選択する

検索結果が表示されます。使用したいイラストにマウスポインターを移動し❶、表示される☐を左クリックします❷。

> **memo**
> イラストの下の黒い部分を左クリックすると、イラストの作者や使用条件などの情報を確認できる場合があります。

05 イラストを追加する

イラストが選択されました。を左クリックします❶。すると、選択していた箇所にイラストが表示されます。

 Check!　クリエイティブコモンズのライセンスについて

ここでは、クリエイティブコモンズのライセンスが付いたイラストを検索できます。クリエイティブコモンズとは、イラストなどの作者が著作権を保持したまま、作品を広く一般に使用できるようにした仕組みのことです。著作物の利用者は、その「ライセンス」の範囲内で自由に使用することができます。ライセンスにはいくつか種類があります。「改変しない」や「営利目的で利用しない」などの条件が示されている場合もあるので、イラストを利用するときは、ライセンスの種類を確認して使用しましょう。

| 練習ファイル | ： 06-02a | 完成ファイル | ： 06-02b |

イラストの大きさを変えよう

lesson. 6-2

イラストの大きさを調整しましょう。
イラストを選択すると表示されるハンドルをドラッグして調整します。

01 イラストを選択する

イラストを左クリックし❶、イラストを選択します。イラストの周囲に のハンドルが表示されます。

02 大きさを変える準備をする

○にマウスポインターを移動します❶。マウスポインターの形が に変わります。

memo
イラストの高さを変更するときは上下のハンドル、幅を変更するときは左右のハンドル、高さと幅を同時に調整するときは、4隅のハンドルをドラッグします。

| 第6章 | イラストや写真を入れよう

03 大きさを変更する

○を内側に向かってドラッグします❶。

> **memo**
> イラストを大きくするには、外側に向かってドラッグします。

04 大きさが変わった

イラストの大きさが小さくなりました。

✓ Check! イラストを回転する

イラストを選択したときに表示されるを斜めにドラッグすると❶、イラストを回転させられます。

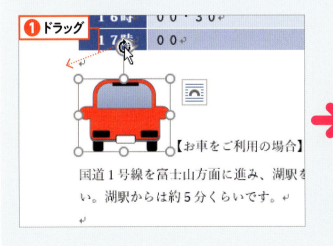

練習ファイル：06-03a　完成ファイル：06-03b

イラストの位置を変えよう

6-3

イラストを追加すると、
文字と同じように行内にイラストが固定されて配置されます。
イラストを自由に移動するには、文字列の折り返し方法を指示します。

01 イラストを選択する

イラストを左クリックして❶、選択します。

02 レイアウトオプションを表示する

イラストの右上に表示される（［レイアウトオプション］ボタン）を左クリックします❶。

第6章　イラストや写真を入れよう

03 折り返し位置を指定する

文字列の折り返し位置を選択します。ここでは、イラストの枠外を文字が折り返して表示されるようにします。（［四角形］ボタン）を左クリックします❶。

04 イラストを移動する

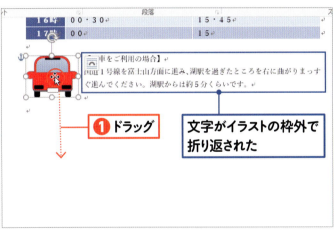

イラストの枠外に文字が折り返して表示されます。イラストにマウスポインターを移動し、移動先にドラッグします❶。

05 イラストが移動した

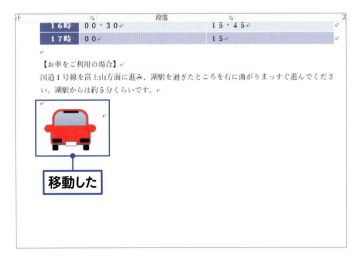

イラストが移動しました。

練習ファイル：06-04a　完成ファイル：06-04b

写真を入れよう

6-4

文書に写真を入れて飾ります。
ここでは、パソコンに保存してある写真を追加します。

01 写真を入れる場所を選択する

写真を入れる場所を左クリックして文字カーソルを表示します❶。

02 写真を入れる準備をする

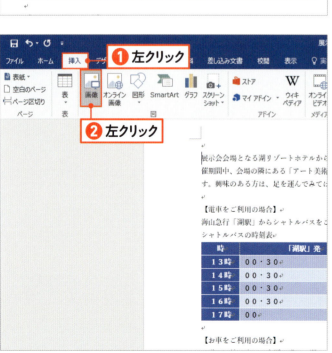

［挿入］タブを左クリックします❶。を左クリックします❷。

| 第6章 | イラストや写真を入れよう

03 写真を選択する

写真の保存先を左クリックして選択します❶。
追加する写真を左クリックし❷、を左クリックします❸。

04 写真が表示された

選択した写真が表示されました。

✓ Check! 写真を変更する

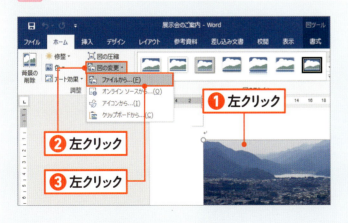

写真を別の写真に差し替えるには、写真を左クリックして選択し❶、[図ツール] の [書式] タブの を左クリックして❷、ファイルから...(F) を左クリックします❸。続いて表示される画面で、手順03を参考に写真を選択します。

| 練習ファイル : 06-05a | 完成ファイル : 06-05b |

写真の大きさと位置を変えよう

6-5

写真の大きさや位置を調整します。
ここでは、写真の周囲に文字が折り返して表示されるようにします。

01 大きさを変更する準備をする

写真を左クリックして選択します❶。写真の周囲に表示される○のハンドルにマウスポインターを移動します❷。マウスポインターの形が に変わります。

02 写真の大きさを変更する

○のハンドルを内側に向かってドラッグすると❶、大きさが小さくなります。

| 第6章 | イラストや写真を入れよう

03 折り返し位置を指定する

写真の右上に表示される（[レイアウトオプション]ボタン）を左クリックします❶。文字列の折り返し位置を選択します。ここでは、写真の枠外を文字が折り返して表示されるようにします。（[四角形]ボタン）を左クリックします❷。

04 写真を移動する

写真の枠外に文字が折り返して表示されます。写真にマウスポインターを移動し、移動先にドラッグします❶。

05 写真が移動した

写真が移動しました。

lesson.

写真の明るさを変えよう

6-6

練習ファイル：06-06a　完成ファイル：06-06b

写真の明るさや色合いなどを調整して見栄えを整えます。
一覧から加工方法を選択するだけで、簡単に変更できます。

01 写真を選択する

写真を左クリックして選択します❶。

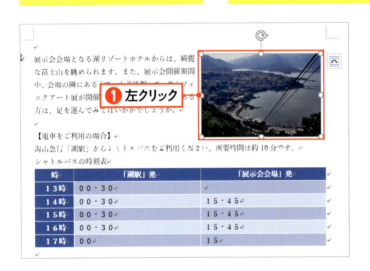

02 明るさを変更する

［図ツール］の［書式］タブを左クリックします❶。を左クリックします❷。明るさとコントラストを指定します。左クリックして決定します❸。

memo

明るさとコントラストは、まとめて設定されます。中央の写真を基準に、右に行くほど明るくなり、下に行くほどコントラストが高くなります。

| 第6章 | イラストや写真を入れよう

03 明るさが変わった

写真の明るさとコントラストが変わりました。

✓ Check! 色合いを変更する

写真の色合いを変更するには、写真を左クリックして選択し❶、［図ツール］の［書式］タブの を左クリックします❷。色合いを選び左クリックします❸。すると、色合いが変わります。

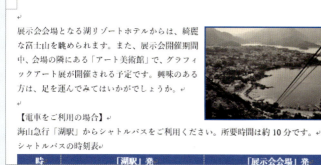

色合いが変わった

lesson. 6-7

写真に飾り枠を付けよう

練習ファイル：06-07a　完成ファイル：06-07b

写真に飾り枠を付けて写真を引き立たせましょう。
写真のスタイル機能を利用して写真の周囲を加工します。

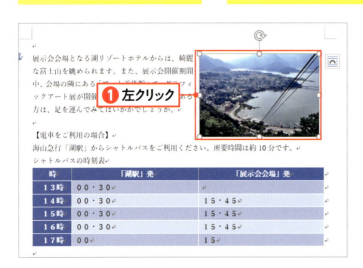

01 写真を選択する

写真を左クリックして選択します❶。

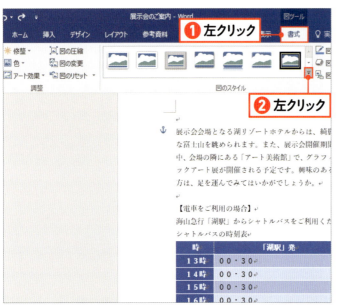

02 スタイル一覧を表示する

［図ツール］の［書式］タブを左クリックします❶。［図のスタイル］の ▽（［その他］ボタン）を左クリックします❷。

| 第6章 | イラストや写真を入れよう

スタイルを選択する

スタイルの一覧が表示されます。スタイルを選び左クリックします❶。

スタイルが変わった

指定したスタイルが適用され、飾り枠が付きます。

 Check! 写真の書式をリセットする

写真に対して設定した書式を解除するには、写真を左クリックして選択し❶、[図ツール]の[書式]タブの [図のリセット] を左クリックします❷。

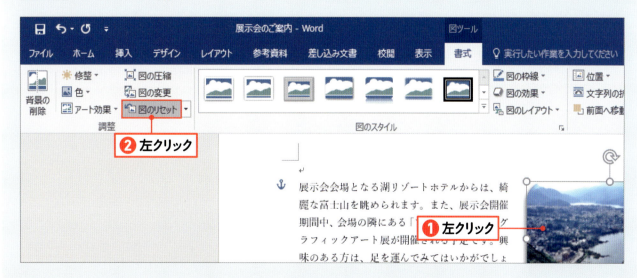

練習ファイル：06-08a　完成ファイル：06-08b

ワードアートを入れよう

6-8

ワードアート機能を利用すると、さまざまな飾りのついた文字を追加できます。文字のスタイルを選択した後、表示する文字を入力します。

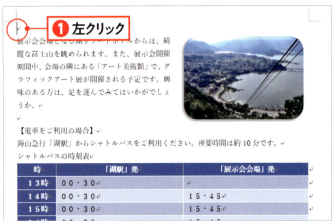

01 追加する場所を選択する

ワードアートを追加する場所を左クリックして文字カーソルを表示します❶。

02 ワードアートを追加する

［挿入］タブを左クリックします❶。 ワードアート▼ を左クリックし❷、スタイルの一覧からスタイルを選び左クリックします❸。

> **memo**
> ワードアートのボタンは、 A▼ のように表示されている場合もあります。

> **memo**
> 既存の文字にワードアート機能を使用して派手な飾りを付ける方法は、54ページで紹介しています。

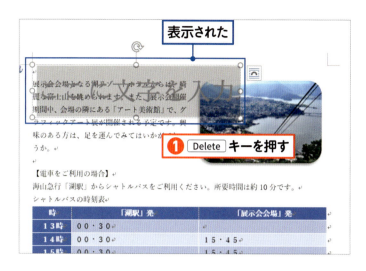

第6章 イラストや写真を入れよう

03 ワードアートが表示された

ワードアートの文字が表示されます。Deleteキーを押して❶、「ここに文字を入力」の文字を消します。

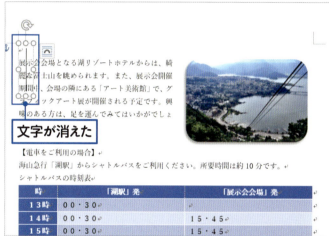

04 文字が消えた

文字が消えます。ワードアートに文字カーソルだけが表示されます。

05 文字を入力する

ここでは、「会場までの交通のご案内」と文字を入力します❶。

| 練習ファイル : 06-09a | 完成ファイル : 06-09b |

ワードアートの大きさと位置を変えよう

6-9

ワードアートの大きさを変更します。
また、ワードアートの文字の折り返し位置を指定して配置を整えます。

01 ワードアートを選択する

ワードアートを左クリックして選択します❶。
ワードアートの右上に表示される （[レイアウトオプション] ボタン）を左クリックします❷。

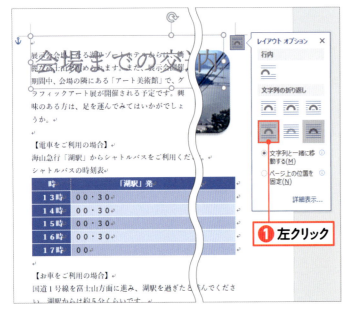

02 折り返し位置を指定する

文字列の折り返し位置を選択します。ここでは、ワードアートの上下に文字が折り返して表示されるようにします。（[上下] ボタン）を左クリックします❶。

| 第6章 | イラストや写真を入れよう

03 折り返し位置が変わった

ワードアートの上下に文字が折り返して表示されます。ワードアートの外枠部分を左クリックして選択します❶。

04 文字の大きさを変更する

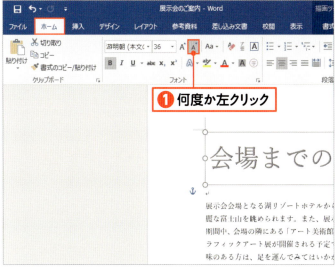

［ホーム］タブの (［フォントサイズの縮小］ボタン）を何度か左クリックします❶。

05 文字の大きさが変わった

文字の大きさが小さくなりました。

第6章 練習問題

1 インターネットからイラストを検索して入れるときに、左クリックするボタンはどれですか？

① 　② 　③

2 写真の周囲を文字が折り返して表示されるようにしたいとき、左クリックする場所はどれですか？

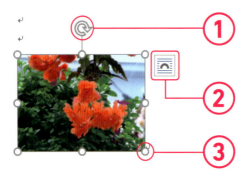

3 写真の明るさを変更するときに、左クリックするボタンはどれですか？

① 　② 　③

▶ **Chapter**

図形を描こう

この章では、図形を描く方法を紹介します。ワードでは、さまざまな形の図形を簡単に描くことができます。ほとんどの図形には文字を入力できるので、図形を組み合わせて簡単な地図を描くこともできます。図形の扱い方を知りましょう。

Chapter 7

» Visual Index

図形を描こう

lesson. **1** 長方形を描く　　　　　　　　　　　　　　　　　　　GO »　P.124

長方形が描けた

lesson. **2** 図形に文字を入力する　　　　　　　　　　　　　　　GO »　P.126

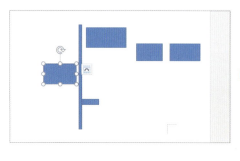 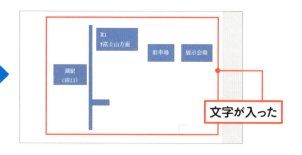

文字が入った

lesson. **3** 図形の色を変える　　　　　　　　　　　　　　　　　GO »　P.128

 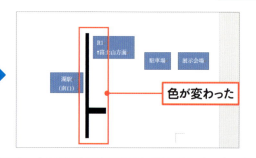

色が変わった

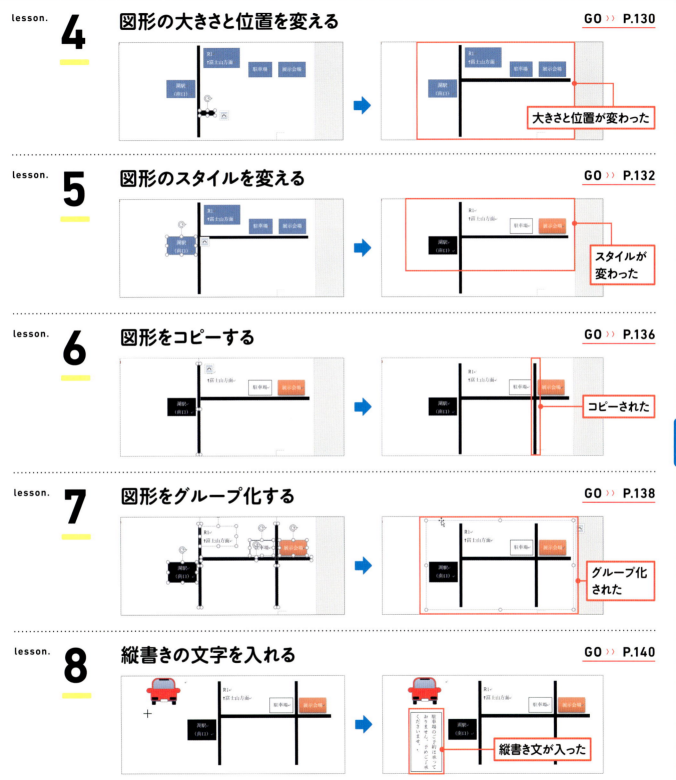

練習ファイル：07-01a　完成ファイル：07-01b

長方形を描こう

7-1

ワードでは、さまざまな形の図形を描くことができます。
この章では、長方形などの図形を組み合わせて、簡単な地図を描きます。

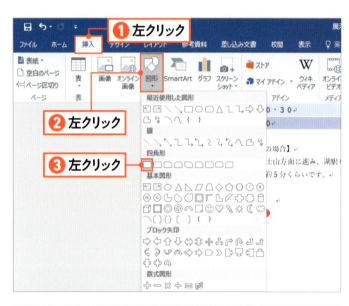

01 図形を選択する

［挿入］タブを左クリックします❶。 （［図形の作成］ボタン）を左クリックします❷。 （［正方形/長方形］ボタン）を左クリックします❸。

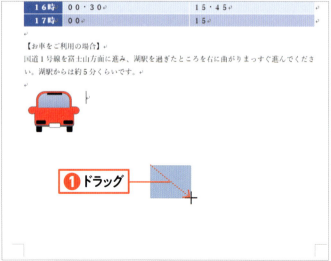

02 図形を描く

図形を描く場所にマウスポインターを移動して、斜め方向にドラッグします❶。

> **memo**
> を左クリックして四角形を描くとき、Shiftキーを押しながらドラッグすると正方形を描くことができます。また、 （［楕円］ボタン）を左クリックして円を描くとき、Shiftキーを押しながらドラッグすると正円を描くことができます。

| 第7章 | 図形を描こう

03 図形が描けた

図形が表示され、図形が選択された状態になります。図形以外を左クリックすると❶、図形の選択が解除されます。

> **memo**
> 図形を選択すると表示される◎をドラッグすると、図形が回転します。

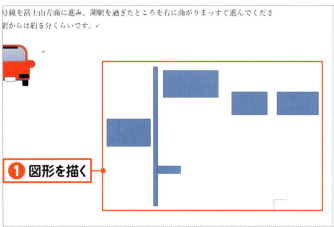

04 他の図形を描く

同様の方法で、□の図形を使用して、左のように図形を描きます❶。

✓ Check! 図形の形を変える

図形の種類によっては、図形を選択すると、の黄色のハンドルが表示されます。◎をドラッグすると❶、図形の形を変更できます。

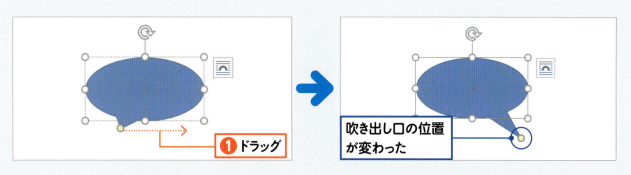

練習ファイル : 07-02a　完成ファイル : 07-02b

図形に文字を入力しよう

7-2

ほとんどの図形には文字を入力できます。
長方形の図形に、場所を示す文字を入力しましょう。

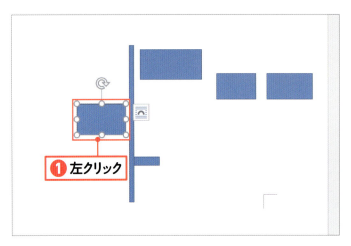

01 図形を選択する

図形を左クリックして選択します❶。

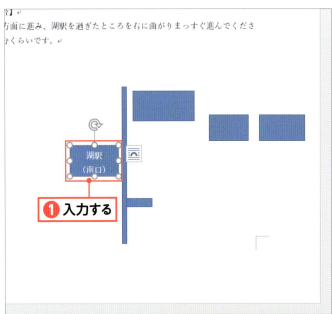

02 文字を入力する

左のように文字を入力します❶。

> **memo**
> ここでは、Enterキーで改行して文字を入力しています。

| 第7章 | 図形を描こう

03 他の文字を入力する

同様の方法で、他の図形にも文字を入力します❶。

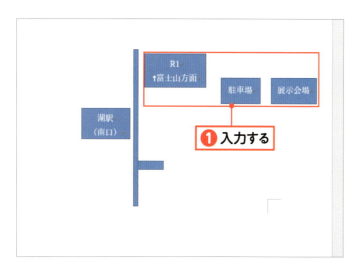

> **memo**
> 図形の大きさを変更する方法は、130ページで紹介しています。

04 文字の配置を変更する

文字の配置を変更する段落を選択します❶。ここでは、選択した文字を図形の左端に揃えて配置します。[ホーム]タブの≡([左揃え]ボタン)を左クリックします❷。

> **memo**
> 図形の上や下に文字を揃えるには、図形を選択して[描画ツール]の[書式]タブの[文字の配置]を左クリックし、配置場所を選択します。

05 配置が変わった

文字が図形の左側に配置されました。

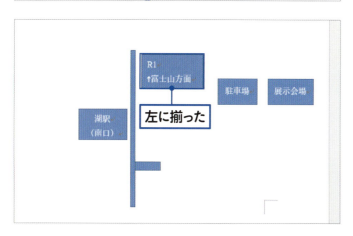

lesson.

練習ファイル：07-03a　完成ファイル：07-03b

図形の色を変えよう

7-3

図形の塗りつぶしの色や外枠の色を変更します。
塗りつぶしの色や外枠の色を付けない場合は、「なし」にします。

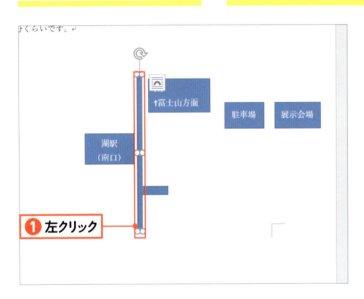

01 図形を選択する

色を変更する図形を左クリックして選択します❶。

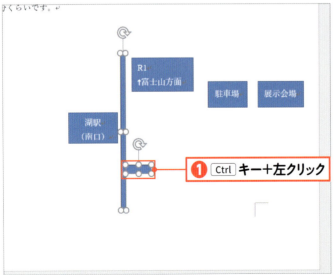

02 複数の図形を選択する

ここでは、複数の図形の色をまとめて変更します。複数の図形を選択するには、同時に選択する図形を、Ctrl キーを押しながら左クリックします❶。

| 第7章 | 図形を描こう

03 図形の色を変更する

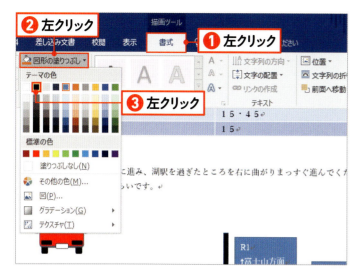

［描画ツール］の［書式］タブを左クリックします❶。 図形の塗りつぶし を左クリックし❷、色を選び左クリックします❸。

> **memo**
> 塗りつぶしの色をなしにするには、 塗りつぶしなし(N) を左クリックします。

04 枠線の色を変更する

［描画ツール］の［書式］タブの 図形の枠線 を左クリックし❶、色を選び左クリックします❷。

> **memo**
> 枠線をなしにするには、 線なし(N) を左クリックします。

05 色が変わった

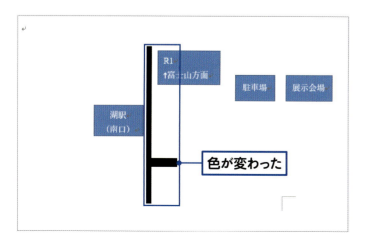

図形の塗りつぶしの色や、枠線の色が変更されました。

練習ファイル：07-04a　完成ファイル：07-04b

図形の大きさと位置を変えよう

7-4

図形の大きさや位置を変更する方法を知りましょう。
ここでは、地図の道を示す四角形を長くして場所を移動します。

▶ 図形の大きさを変える

01 図形を選択する

図形を左クリックして選択します❶。

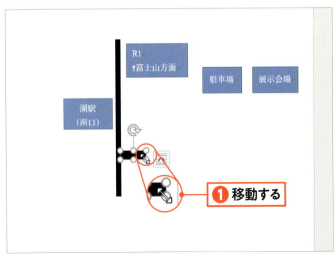

02 大きさを変更する準備をする

図形の周囲に表示されるのハンドルにマウスポインターを移動します❶。マウスポインターの形がに変わります。

| 第7章 | 図形を描こう

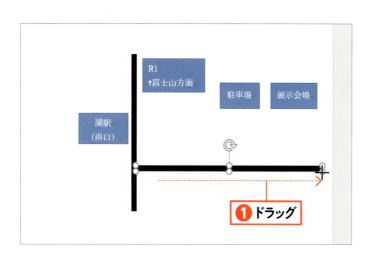

03 図形の大きさを変更する

◯のハンドルをドラッグして大きさを変更します❶。

> **memo**
> 図形の四隅の◯をドラッグすると、図形の縦横の大きさをまとめて変更できます。

図形を移動する

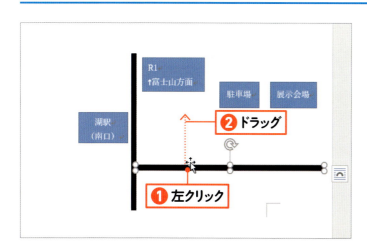

01 図形を移動する

図形を左クリックして選択し❶、図形の外枠部分を移動先に向かってドラッグします❷。

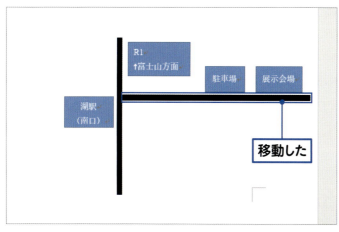

02 図形が移動した

図形の位置が変更されました。

| 練習ファイル | ：07-05a | 完成ファイル | ：07-05b |

図形のスタイルを変えよう

lesson. 7-5

図形のスタイル機能を利用すると、
図形の背景や外枠の色、文字の色などのデザインをまとめて変更できます。
スタイル一覧を表示して、スタイルを選択します。

❯ スタイルを設定する

01 図形を選択する

図形を左クリックして選択します❶。

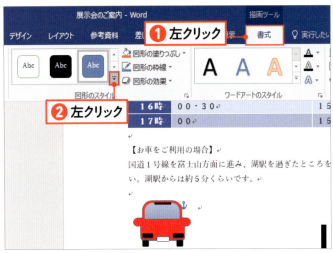

02 スタイル一覧を表示する

［描画ツール］の［書式］タブを左クリックします❶。［図形のスタイル］の ▼ （［その他］ボタン）を左クリックします❷。

| 第7章 | 図形を描こう

03 スタイルを選択する

スタイル一覧からスタイルを選び、左クリックします❶。

04 スタイルが適用された

図形のスタイルが適用されて、色などが変更されました。

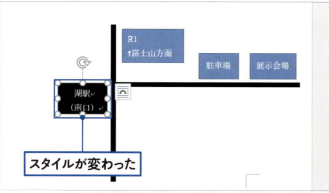

05 他の図形のスタイルを変更する

他の図形も同様の方法でスタイルを適用します❶。

枠線の色などを変更する

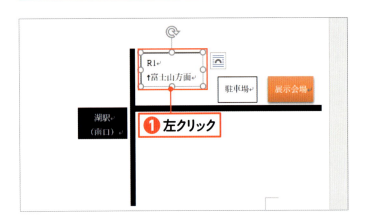

01 図形を選択する

図形にスタイルを設定後、図形の色や枠線の色などを変更することもできます。ここでは、図形の枠線をなしにします。枠線を消す図形を左クリックします❶。

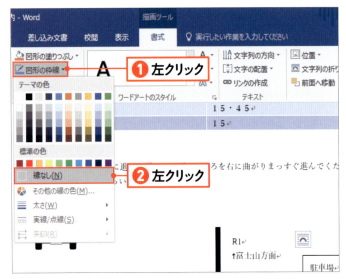

02 枠線を消す

[描画ツール] の [書式] タブの 図形の枠線 を左クリックします❶。 線なし(N) を左クリックします❷。

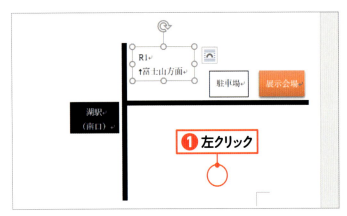

03 図形以外を選択する

図形以外の空いているところを左クリックします❶。

| 第7章 | 図形を描こう

 04 枠線が消えた

選択していた図形の枠線が消えたのが確認できます。

枠線が消えた

 Check! ワードのバージョンによってスタイルの種類は異なる

図形のスタイルに表示される内容は、ワードのバージョンによって異なります。たとえば、ワード2016の場合は、図形の塗りつぶしや枠線がなしになるスタイルなども用意されています。

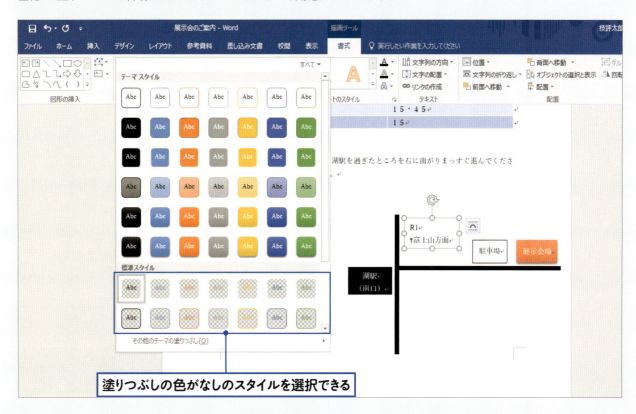

塗りつぶしの色がなしのスタイルを選択できる

図形をコピーしよう

7-6

似たような形の図形を描く場合は、図形をコピーしましょう。
ここでは、図形をまっすぐ揃えてコピーします。

01 図形を選択する

コピーする図形を左クリックして選択します❶。

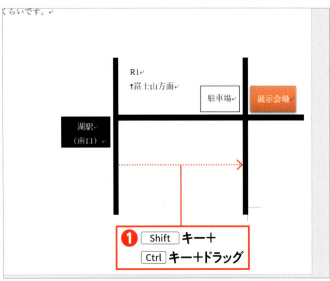

02 図形をコピーする

Shift キーと Ctrl キーを押しながら、図形をコピー先に向かってドラッグします❶。

| 第7章 | 図形を描こう

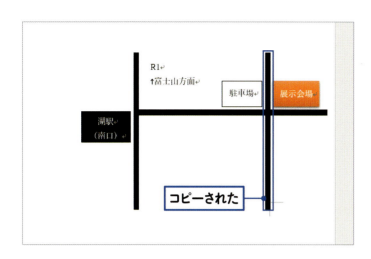

03 図形がコピーできた

図形がコピーされました。

> **memo**
> Shift + Ctrl キーを押しながら図形をドラッグすると、図形の位置を揃えてまっすぐコピーすることができます。また、Ctrl キーを押しながら図形をドラッグすると、図形をコピーできます。

✓ Check! 図形の書式だけをコピーする

図形をコピーするのではなく、図形に設定した書式情報だけをコピーするには、コピー元の図形の枠を左クリックし❶、[ホーム] タブの を左クリックします❷。その後、コピー先の図形を左クリックします❸。すると、図形の形や文字などはそのままで書式情報だけがコピーされます。

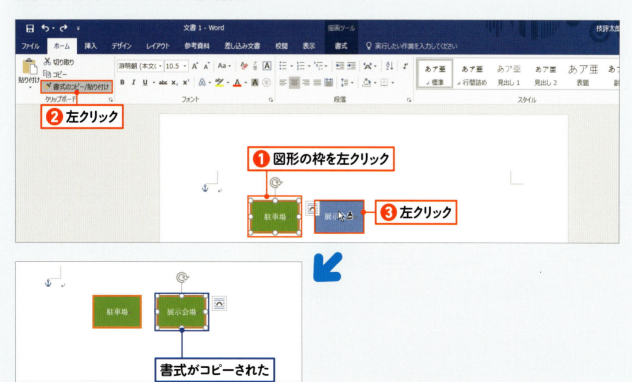

練習ファイル：07-07a　完成ファイル：07-07b

図形をまとめて移動しよう

7-7

複数の図形をまとめて扱うには、図形をグループ化します。
ここでは、地図を構成する個々の図形をまとめて扱えるようにします。

01 図形を選択する

図形の外枠部分を左クリックして選択します❶。

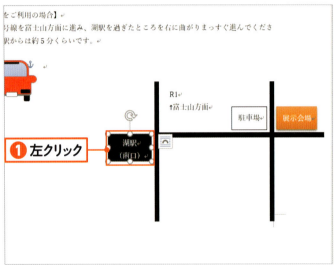

memo
ここでは、地図の図形をすべて選択してグループ化します。

02 複数の図形を選択する

Ctrlキーを押しながら、同時に選択する図形の外枠部分を順に左クリックして選択します❶。

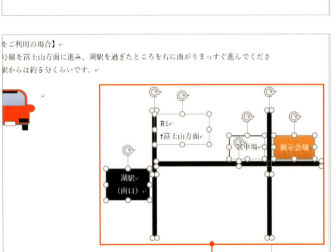

memo
このとき、図形の中央部ではなく図形の外枠部分を左クリックしましょう。図形の中央部分を左クリックすると、うまく選択されません。

| 第7章 | 図形を描こう

03 グループ化する

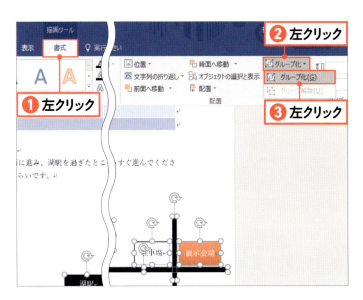

［描画ツール］の［書式］タブを左クリックします❶。を左クリックし❷、グループ化(G)を左クリックします❸。

04 グループ化された

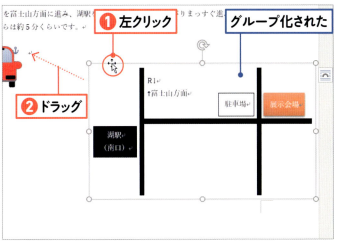

図形がグループ化されました。グループ化された図形の外枠部分を左クリックします❶。移動先に向かってドラッグします❷。

> **memo**
> 図形をグループ化しても、個々の図形を選択して移動したりできます。ここでは、グループ化された図形全体の外枠部分を左クリックして選択します。

05 図形がまとめて移動した

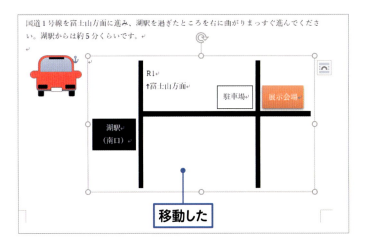

グループ化された図形がまとめて移動しました。

| 練習ファイル：07-08a | 完成ファイル：07-08b |

縦書きの文字を入れよう

7-8

文書の自由な場所に文字を入力するには、
テキストボックスという図形を利用する方法があります。
ここでは、縦書きのテキストボックスを利用して文字を表示します。

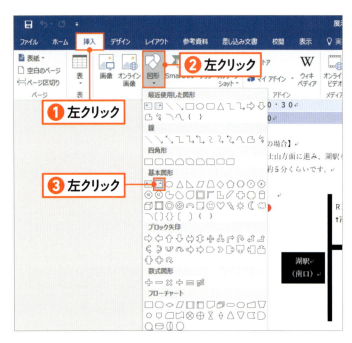

01 図形を選択する

［挿入］タブを左クリックします❶。 ([図形の作成] ボタン) を左クリックします❷。 ([縦書きテキストボックス] ボタン) を左クリックします❸。

memo
ここでは、縦書きのテキストボックスを描きます。横書きのテキストボックスを描く場合は、 ([テキストボックス] ボタン) を左クリックします。

02 図形を描く準備をする

図形を描く場所にマウスポインターを移動します❶。

| 第7章 | 図形を描こう

03 図形を描く

斜め方向にドラッグしてテキストボックスの図形を描きます❶。

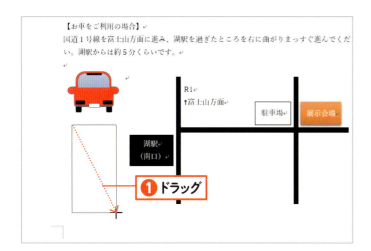

04 図形が描けた

テキストボックスの図形が描けました。テキストボックスの図形は、図形を描いた直後に文字カーソルが表示されます。

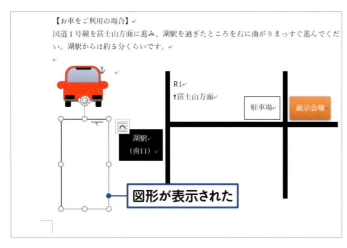

05 文字を入力する

左のように文字を入力します❶。図形の外を左クリックして図形の選択を解除します❷。

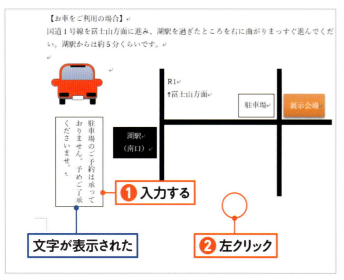

> **memo**
> テキストボックスの図形は、他の図形と同様の方法で書式を設定することができます。

第7章 練習問題

1 図形を描くときに、左クリックするボタンはどれですか？

① 　② 　③

2 図形の大きさを変更するときに、ドラッグする場所はどこですか？

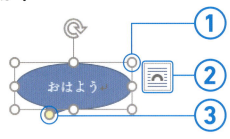

3 図形を移動するときに、ドラッグする場所はどこですか？

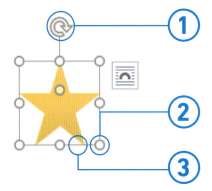

▶ Chapter

印刷しよう

この章では、作成した文書を印刷する方法を紹介します。印刷前にはまず、印刷イメージを確認します。必要があれば余白を調整したりページ番号を表示したりして、見やすく印刷しましょう。また、文書をPDF形式のファイルとして保存する方法も紹介します。

›› Visual Index

印刷しよう

Chapter 8

---

lesson. 1　文書を印刷する　　　　　　　　　　　　　　　　　GO ›› P.146

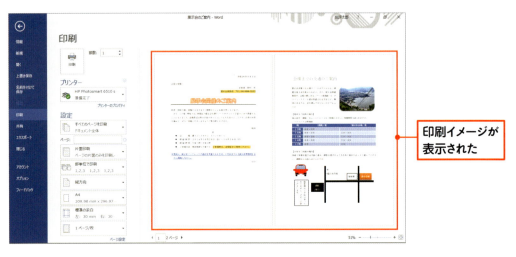

印刷イメージが表示された

---

lesson. 2　余白を調整する　　　　　　　　　　　　　　　　　GO ›› P.148

余白が調整された

lesson. 3 ページ数を入れる

GO >> P.150

 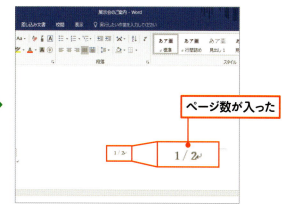

ページ数が入った

lesson. 4 1枚の用紙に2ページ分を印刷する

GO >> P.152

設定された

lesson. 5 文書をPDFファイルにする

GO >> P.154

 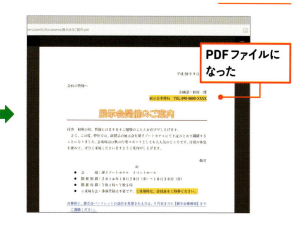

PDFファイルになった

練習ファイル：08-01a　完成ファイル：なし

文書を印刷しよう

8-1

完成した文書を印刷しましょう。
印刷したときのイメージを確認してから印刷を実行します。

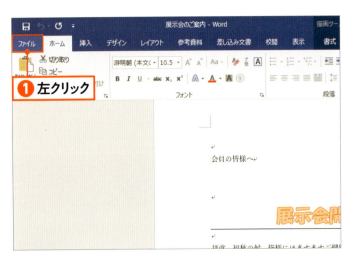

01 印刷イメージを表示する

［ファイル］タブを左クリックします❶。

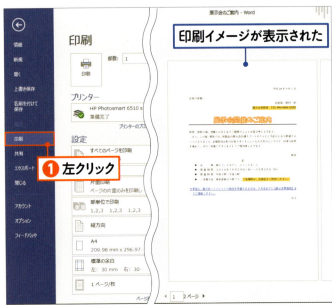

02 印刷イメージを確認する

印刷 を左クリックします❶。印刷イメージが表示されるので、確認します。

> **memo**
> 他のページに切り替えるには、 1 2ページ ▶ の左右の ▶
> ◀ を左クリックします。

| 第8章 | 印刷しよう

03 印刷の設定を確認する

印刷時の設定や部数を確認します❶。必要に応じて設定を変更しましょう。

> **memo**
> プリンター欄には、パソコンに接続しているプリンターの名前が表示されます。使用するプリンターが表示されていない場合は、プリンター名の右端の▼を左クリックしてプリンターを選択します。

04 文章を印刷する

を左クリックすると❶、印刷が実行されます。

✓ Check! 拡大表示する

印刷イメージを拡大／縮小表示するには、画面右下の つまみを左右にドラッグします❶。 を左クリックすると、ページ全体が表示されます。

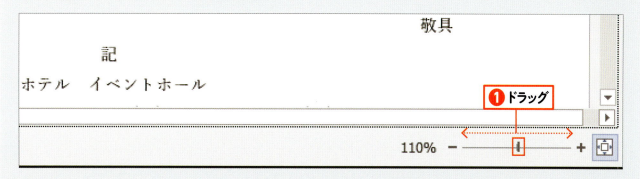

余白を調整しよう

8-2

余白の位置を変更する方法を知りましょう。
余白は、「広い」「狭い」のように指定できる他、数値で指定することもできます。

01 余白を変更する準備をする

146ページの方法で、印刷イメージを表示します。を左クリックします❶。

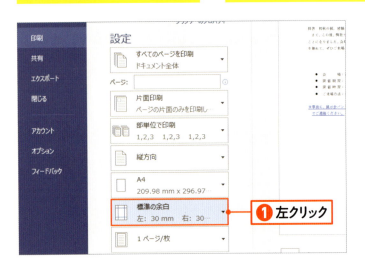

02 設定画面を表示する

ここでは、余白を数値で指定します。を左クリックします❶。

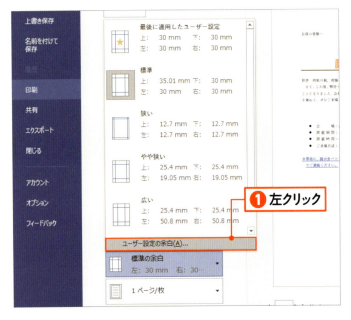

memo
左の画面で[狭い][やや狭い][広い]を左クリックすると、それぞれの余白が設定されます。

| 第8章 | 印刷しよう

  余白を指定する

［ページ設定］画面が表示されます。［余白］タブで余白位置を指定します❶。 OK を左クリックします❷。

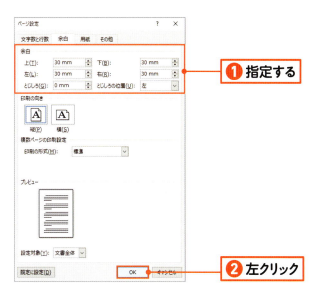

  余白が変わった

余白位置を指定できました。

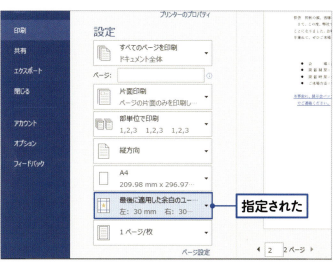

 Check!　［レイアウト］タブで指定する

余白位置は、［レイアウト］タブ（ワード2013では［ページレイアウト］タブ）の 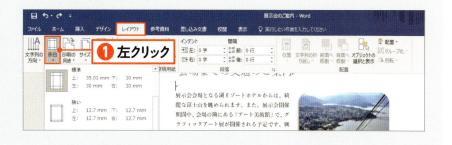 （［余白の調整］ボタン）を左クリックして指定することもできます❶。

練習ファイル：08-03a　完成ファイル：08-03b

ページ数を入れよう

8-3

複数ページの文書を印刷するときは、ページ番号を振っておきましょう。ページ番号は、ページ上の余白（ヘッダー）またはページ下の余白（フッター）に表示できます。

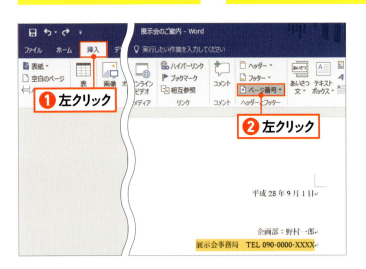

01 ページ番号を振る

［挿入］タブを左クリックします❶。を左クリックします❷。

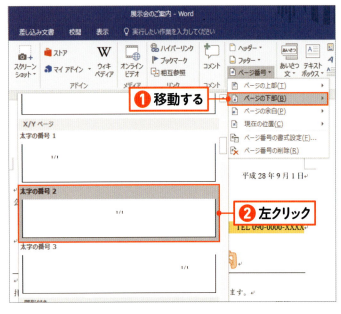

02 表示方法を選択する

ページ番号を表示する場所と表示方法を選択します。ここでは、[ページの下部(B)]にマウスポインターを移動します❶。ページ番号の表示方法を選び左クリックします❷。

> **memo**
> ここでは、ページ下の余白（フッター）の中央に、「ページ番号／総ページ数」の形式でページ番号を表示します。

| 第8章 | 印刷しよう

03 ページ番号が表示された

ヘッダーとフッターの編集画面が表示されます。ページ番号が表示されているのを確認します。この状態はまだ編集可能な状態です。

ページ番号が表示された

04 編集画面を閉じる

［ヘッダー／フッターツール］の［デザイン］タブの（［ヘッダーとフッターを閉じる］ボタン）を左クリックします❶。

05 ページ番号が確定した

ヘッダーとフッターの編集画面が閉じます。フッターにページ番号が表示されました。

ページ番号が確定した

| 練習ファイル | : 08-04a | 完成ファイル | : なし |

1枚の用紙に2ページ分を印刷しよう

8-4

複数ページの文書を印刷するとき、
1枚の用紙に複数ページまとめて印刷することができます。
ここでは、1枚の用紙に2ページ分を印刷します。

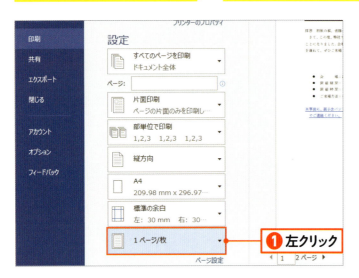

01 設定を変更する準備をする

146ページの方法で、印刷イメージを表示します。を左クリックします❶。

02 ページ数を選択する

1枚に印刷するページ数を選んで左クリックします。ここでは、を左クリックします❶。

| 第8章 | 印刷しよう

03 設定が変更された

設定が変更されました。印刷を実行するには、を左クリックします❶。

✓ Check! 両面に印刷する

両面印刷に対応しているプリンターで両面印刷を行うには、印刷イメージを表示した画面で、 を左クリックします❶。表示されるメニューで、用紙の長辺または短辺のどちらを綴じるか左クリックして指定します❷。たとえば、縦向きの用紙の両面に印刷し、用紙の左側を綴じる場合は、「長辺を綴じます」を選択します。

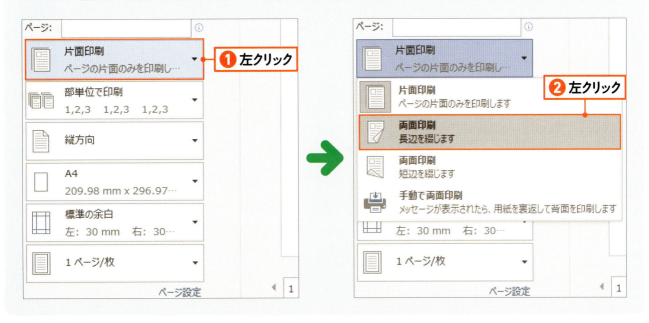

練習ファイル : 08-05a　　完成ファイル : 08-05b

文書をPDFファイルにしよう

lesson. 8-5

完成した文書をPDF形式で保存する方法を紹介します。
PDF形式のファイルは、ブラウザーやPDFビューアなどのソフトで表示できます。

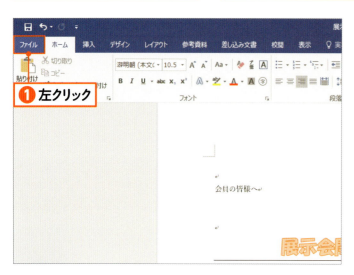

01 保存の準備をする

PDF形式で保存するファイルを開いておきます。［ファイル］タブを左クリックします❶。

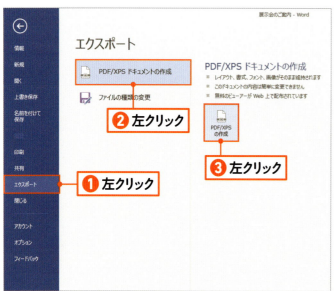

02 保存画面を開く

エクスポート を左クリックします❶。 PDF/XPS ドキュメントの作成 を左クリックし❷、 を左クリックします❸。

> **memo**
> PDF形式とは、文書を保存するときに広く利用されているファイル形式です。どのような環境でも同じように文書を表示できる、という特徴があります。

| 第8章 | 印刷しよう

 PDFファイルを保存する

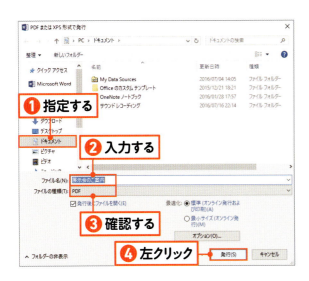

ファイルの保存先を指定します❶。ファイル名を入力します❷。ファイルの種類に「PDF」と表示されていることを確認します❸。 発行(S) を左クリックします❹。

 PDFファイルが表示された

指定した場所にファイルが保存されます。手順❸の保存の画面で ☑発行後にファイルを開く(E) にチェックが付いていると、保存されたファイルが開きます。

 Check! PDFビューアについて

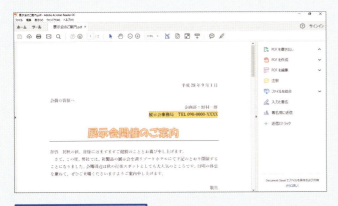

Windows 10の初期設定では、PDF形式のファイルはブラウザーで表示されます。より見やすく表示するには、PDFビューアというソフトを利用すると便利です。たとえば、「Acrobat Reader DC」は一般的に広く利用されているPDFビューアです。アドビシステムズ社のホームページから無料でダウンロードして利用できます。

【URL】https://get.adobe.com/jp/reader/otherversions/

〉〉練習問題の解答・解説

第1章

1 正解 ②

デスクトップ画面の左下の②のボタンを左クリックすると、スタートメニューが表示されます。スタートメニューからワードなどのアプリを起動できます。①は、パソコンの設定を変更するときなどに使います。③は、日本語入力モードの状態を確認したりするときに使用します。

2 正解 ①

①のボタンを左クリックすると、文書が上書き保存されます。一度も保存していない文書の場合は、保存する画面が表示されます。②のボタンを左クリックすると、ワードのウィンドウが小さく表示されます。③のボタンを左クリックすると、ワードが閉じます。

3 正解 ③

③のタブを左クリックすると、ファイルを開いたり印刷したりする画面が表示されます。①のタブは、文字に飾りを付けるなど頻繁に使用するボタンが並びます。②のタブは、文書にイラストを追加するときなどに使います。

第2章

1 正解 ②

文字が入力される位置を示す文字カーソルは②です。①は、マウスのカーソル位置を示します。③は、段落の区切りを示す段落記号です。

2 正解 ①

漢字を入力するときは、よみがなを入力して①のキーを押して変換します。②は、入力中の文字を決定したり、改行するときに使用します。

3 正解 ①

文字カーソルの右の文字を消すには①のキーを押します。②のキーを押すと文字カーソルの左の文字が消えます。③は文字カーソルの位置を移動するキーです。

第3章

1 正解 ②

文字に書式を設定するときは、最初に操作対象の文字を選択します。続いて、設定する文字飾りを指定します。文字が選択されている状態で、複数の飾りを設定することもできます。

2 正解 ①

文字を選択した後、[ホーム]タブの①のボタンを左クリックすると、文字が太字になります。②のボタンを左クリックすると、文字が斜体になります。③のボタンを左クリックすると、文字に下線が付きます。

3 正解 ①

文字の書式をコピーするときは、最初にコピー元の文字列を選択して[ホーム]タブの①のボタンを左クリックします。続いて、コピー先の文字を選択します。②は文字をコピー、③は文字を移動するときに使います。

第4章

1 正解 ③

文字の配置は、段落単位に指定できます。文字を中央に揃えるには、対象の段落内を左クリックして[ホーム]タブの③のボタンを左クリックします。②のボタンを左クリックすると右揃え、①のボタンを左クリックすると、文字の配置が元の状態に戻ります。

2 正解 ②

項目を選択し、[ホーム]タブの②のボタンを左クリックすると、項目に箇条書きの書式が設定されます。①のボタンを左クリックすると項目の先頭に番号が振られます。③のボタンを左クリックすると、文字が字下げされます。

3 正解 ①

選択した文字を指定の文字数に割り当てるには、[ホーム]タブの①のボタンを左クリックします。②は、文字の先頭位置を1文字分ずつずらします。③は、文字の配置を中央に揃えます。

第 5 章

1 正解 ②

表を追加するときは、最初に表を追加する場所を選択し、[挿入] タブの [表の追加] ボタンを左クリックします。

2 正解 ②

列幅を変更するには、②にマウスポインターを移動して左右にドラッグします。③を上下にドラッグすると、行の高さが変わります。また、①をドラッグすると表が移動します。

3 正解 ②

セル内の文字をセルの高さの中央に配置するには、文字を選択して [表ツール] の [レイアウト] タブの②のボタンを左クリックします。①のボタンを左クリックすると、文字がセルの下に揃います。また、③を左クリックすると文字がセルの上下左右の中央に揃います。

第 6 章

1 正解 ①

インターネット上のイラストを検索して入れるには、[挿入] タブの①のボタンを左クリックします。②は、パソコンに保存してあるイラストを入れるときに使います。③は、図形を描くときに使います。

2 正解 ②

写真の周囲を文字が折り返して表示されるようにするには、写真を選択して②を左クリックし、文字列の折り返し位置を指定します。①をドラッグすると写真を傾けることができます。③をドラッグすると写真の大きさを変更できます。

3 正解 ③

写真の明るさを変更するには、写真を選択して [図ツール] の [書式] タブの③のボタンを左クリックします。①は、写真の色合いを変更します。②は、選択している写真を他の写真に差し替えるときに使います。

第 7 章

1 正解 ②

図形を追加するには、[挿入] タブの②のボタンを左クリックして描きたい図形の種類を選択します。①は、パソコンに保存されている写真などを追加するときに使います。③は、表を追加します。

2 正解 ①

図形の大きさを変更するには、図形を選択すると表示される①のハンドルをドラッグします。②は、図形の周囲を文字が折り返して表示されるようにするときに使います。③をドラッグすると、図形の形を変更できます。

3 正解 ③

図形を移動するには、図形を選択して図形の外枠部分をドラッグします。①をドラッグすると図形を回転させることができます。

Index

数
1 行目のインデント　67

英
Acrobat Reader DC　155
PDF ファイル　154

あ
網掛け　53
イラストの位置の変更　106
イラストの回転　105
イラストの挿入　102
印刷　146
インデントマーカー　67
上書き保存　17
エクスポート　154

か
改ページ　76
飾り枠　114
箇条書き　72
下線　51
記号の入力　38
起動　12
行高の変更　87
行の削除　90
行の追加　88
均等割り付け　74
クイックアクセスツールバー　15
区切り線　56
クリエイティブコモンズ　103
グループ化　139
罫線　56

さ
字下げ　66, 68, 70
写真の明るさの変更　112
写真の位置の変更　111
写真の色合いの変更　113
写真の挿入　108
終了　13
書式　44
書式の解除　55
書式のコピー　58, 137
スクロールバー　15
図形に文字を入力　126
図形の色の変更　128
図形のコピー　136
図形の作成　124
図形のスタイル　132
図形をまとめて移動　138
図のスタイル　114

た
タイトルバー　15
縦書きテキストボックス　140
タブ　15

段落番号	73
中央揃え	64
定型文	36
テーマ	49
テキストボックス	140
特殊文字の入力	39
［閉じる］ボタン	15

な

入力オートフォーマット	37
塗りつぶし	52

は

貼り付けのオプション	35
左インデント	67,68
表スタイルのオプション	93
表の移動	96
表の作成	82
表のスタイル	92
フォント	46
フォントサイズ	47
フォントの色	48
太字	50
ぶら下げインデント	67,70
文書ウィンドウ	15
ページ番号の挿入	150
ヘッダー／フッターツール	150
保存	16

ま

マウスポインター	15
右インデント	67
右揃え	65
文字カーソル	15
文字の移動	34
文字のコピー	32
文字の削除	30
文字の選択	28
文字の挿入	31
文字の入力	24
文字列の折り返し	107,111

や

余白の調整	148

ら

リボン	15
両端揃え	65
両面印刷	153
ルーラー	66
レイアウトオプション	106,111
列の削除	91
列の追加	88
列幅の変更	86

わ

ワードアート	54,116,118
枠線	134

これからはじめるワードの本
[Word 2016/2013 対応版]

2017年　2月 15日　初版　第1刷発行

著者	門脇 香奈子（かどわき かなこ）
発行者	片岡 巌
発行所	株式会社技術評論社
	東京都新宿区市谷左内町 21-13
	電話　03-3513-6150　販売促進部
	03-3513-6160　書籍編集部
印刷／製本	共同印刷株式会社

定価はカバーに表示してあります。

本書の一部または全部を著作権法の定める範囲を超え、無断で複写、複製、転載、テープ化、ファイルに落とすことを禁じます。

©2017　門脇 香奈子

造本には細心の注意を払っておりますが、万一、乱丁（ページの乱れ）や落丁（ページの抜け）がございましたら、小社販売促進部までお送りください。送料小社負担にてお取り替えいたします。

ISBN978-4-7741-8723-5 C3055
Printed in Japan

■問い合わせについて

本書の内容に関するご質問は、下記の宛先までFAXまたは書面にてお送りください。なお電話によるご質問、および本書に記載されている内容以外の事柄に関するご質問にはお答えできかねます。あらかじめご了承ください。

〒162-0846
新宿区市谷左内町 21-13
株式会社技術評論社　書籍編集部
「これからはじめるワードの本 [Word 2016/2013 対応版]」
質問係
FAX番号　03-3513-6167

なお、ご質問の際に記載いただいた個人情報は、ご質問の返答以外の目的には使用いたしません。また、ご質問の返答後は速やかに破棄させていただきます。

カバーデザイン・本文デザイン	武田 厚志（SOUVENIR DESIGN INC.）
DTP	技術評論社制作業務部
編集	石井 亮輔

技術評論社ホームページ　http://gihyo.jp/book